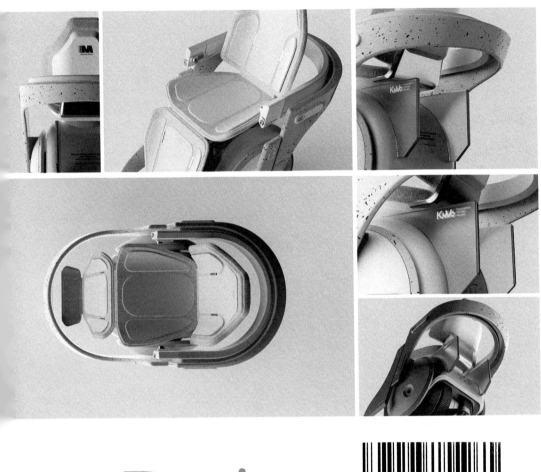

Design
programs and methods

周瑄 —— 编著

中南大学出版社
www.csupress.com.cn
·长沙·

图书在版编目(CIP)数据

设计程序与方法 / 周瑄编著. —长沙:中南大学
出版社, 2025.1

ISBN 978-7-5487-5246-2

Ⅰ. ①设… Ⅱ. ①周… Ⅲ. ①设计学 Ⅳ. ①TB21

中国国家版本馆 CIP 数据核字(2023)第 017513 号

设计程序与方法

SHEJI CHENGXU YU FANGFA

周瑄 编著

□**出 版 人**	林绵优	
□**责任编辑**	刘 莉	
□**责任印制**	唐 曦	
□**出版发行**	中南大学出版社	
	社址:长沙市麓山南路	邮编:410083
	发行科电话:0731-88876770	传真:0731-88710482
□**印 装**	湖南至尚美印数码科技有限公司	

□**开 本**	889 mm×1194 mm 1/16	□**印张** 13	□**字数** 358 千字
□**版 次**	2025 年 1 月第 1 版	□**印次** 2025 年 1 月第 1 次印刷	
□**书 号**	ISBN 978-7-5487-5246-2		
□**定 价**	78.00 元		

前 言 ||

一、课程设置的目的和意义

本课程为产品设计专业必修课。通过该课程的学习，使学生对产品设计有一个较全面和系统的认识，掌握产品设计的一般程序和设计方法，明确设计的科学性、方法性、技巧性和规律性。目的是使学生理解产品设计的内容，掌握正确思路和方法，达到以理论指导设计实践的目的，用科学系统的方法设计产品，为今后的设计学习和实践打下良好的基础。

二、课程的基本要求

通过本课程的学习，要求达到以下效果和要求：

1. 知识要求：了解设计的基本概念；了解产品设计的程序；掌握设计调查与方法的基本理论和实践操作；了解设计思维的形成与培养方法，掌握多种创造性思维的过程与形式，对设计程序及方法有较全面的掌握。

2. 能力要求：要求掌握现场调研能力、收集整理资料能力、创造性思维能力、发现和提取概念能力、概念的设计转化能力、设计表达能力。

3. 素质要求：要求具备对社会的责任感、人文关怀和良好的美学品位、团队合作与交流意识。

三、课时分配建议

总课时：64 课时

课堂讲授：32 课时

课堂讨论及汇报：16 课时

课外学习(调研)：16 课时

四、实践教学安排

本课程包含了市场调研、用户调研和设计创意方法等内容。市场调研需要组织学生进行；用户调研需要组织学生锁定目标用户，通过运用一定的方法进行用户调研和访谈，在该环节安排一定量的课堂实践。

五、作业与考核

课程考核评分建议采用以下分配比例：

总评成绩＝50%×授课教师对学习全过程和最终效果的全面评价+

40%×参与课程的全体同学互评+

10%×考勤

六、评分标准

程序清楚、方法得当　　60%

概念明确、内容清晰　　10%

思维巧妙、特点突出　　10%

学习过程、整体效果　　20%

目 录 ‖

第一章

设计方法概论

◇ **本章要点**：设计的定义，好设计的内涵，工业设计的概念。

◇ **学习重点**：掌握设计的基本概念，了解如何评价好的设计，理解世界设计组织对工业设计的新定义，对产品设计方法的发展和融合有正确的认识。

◇ **学习难点**：如何运用"事理学"设计方法论重新理解"事"与"物"的关系，了解设计活动的复杂性，重新定义设计活动的目标，理解设计活动的本质。

章节内容思维导图

第一章
设计方法概论

1.1 关于设计的概念
- 1.1.1 设计的定义
- 1.1.2 广义的设计和狭义的设计
- 1.1.3 设计的外延和内涵
- 1.1.4 好设计的内涵
- 1.1.5 工业设计的概念

1.2 方法的概述
- 方法是关于人们认识世界与改造世界的目的、途径、策略、工具与操作技能这五个层次有机组合的一个选择性系统
- 人们在能动地处理主客观关系的活动中，对客观规律的自觉运用

1.3 方法论的概念
- 定义
- 以方法为研究对象
- 意义

1.4 方法论的层次
- 哲学方法论
- 一般科学方法论
- 具体科学方法论

1.5 设计方法的概述
- 概述
- 特点

1.6 设计方法论
- 设计方法论亦称为设计科学、设计工程或设计方法学
- 研究设计过程中各阶段、各步骤之间的联系规律、原则和原理，以求得合理的设计进程
- 具有鲜明的系统性

1.7 设计方法学的研究内容
- 概述
- 内容

1.8 产品设计的方法论
- 1.8.1 以艺术与技术的统一为基础的设计思想和方法
- 1.8.2 以功能与形式的统一为基础的设计思想和方法
- 1.8.3 以微观与宏观的统一为基础的设计思想和方法

1.9 事理学设计方法论
- 1.9.1 事的结构分析
- 1.9.2 事物情理
- 1.9.3 实事求是、合情合理
- 1.9.4 从设计"物"到设计"事"
- 1.9.5 事理学方法论构建目标系统
- 1.9.6 事理学方法论研究之"出行方式"的演变

1.1 关于设计的概念

- 关于设计的概念
  - 设计的定义
    - 本质上是创造性思维与活动
    - 一种观念的集合
    - 是人类带有目的性、指向未来的创造性行为
  - 广义的设计
    - 任何造物活动的计划和计划过程都可以理解为设计
    - 设计是人们为满足一定需要，精心寻找和选择满意的备选方案的活动
  - 狭义的设计
    - 设计的职业特征以及与职业相关的专业性设计活动
  - 设计的外延和内涵
    - 动词/名词
    - 设计的"目的性"是设计活动的核心特征之一
    - 设计本身不是目的，它是人为实现自身目的而使用的手段和方式
    - 表现为一个过程
    - 设计的目的是人而不是物，人是设计的根本和出发点
    - 一种针对目标的问题求解活动
  - 好设计的内涵
    - 好的设计是创新的
    - 好的设计是实用的
    - 好的设计是唯美的
    - 好的设计让产品说话
    - 好的设计是谦虚的
    - 好的设计是诚实的
    - 好的设计是坚固耐用的
    - 好的设计是细致的
    - 好的设计是关心环境因素的
    - 好的设计是尽可能的无设计
  - 工业设计的概念
    - 是工业化时代创造性设计活动的总称，是为了实现某种特定目标而进行的一种智力型、整合性的系统创造活动
    - 主要特征　追求创新与变化
    - 核心竞争力　问题导向下的策略化的视觉和体验解决方案
    - 研究内容　从倚重产品(制造业)延伸到构建环境网络的和谐关系
    - 终级目标　追求更加美好的生活和世界

1.1.1 设计的定义

人类文明的源泉是创造，人类生活的本质也是创造。而设计，本质上就是创造性思维与活动，因此，设计的历史也可以说是人类的历史。设计起源于人类生存的需要。从哲学的角度来讲，人类有目的的实践活动体现了人类所具有的主体性和能动性。设计作为人类的实践活动，是人类改造自然的标志，也是人类自身进步和发展的标志。设计活动是人类实践活动的一种高级形式，人类的理

性与智慧、直觉与想象、逻辑思维能力与审美意识水平都在设计活动中得到淋漓尽致的表现。

设计的概念作为一种观念的集合，明显带有时代与地域的烙印。例如在18世纪以前，设计被理解为艺术家在纸上涂涂画画；在20世纪30年代的德国，设计被看作解决社会生活问题的有效途径；在法国，设计被更多地理解为"Art Deco"或刻意制造的时尚和新奇的玩意儿；而在美国，设计被理解为商业营利的策略。设计的含义非常宽泛，而关于设计的定义也是众说纷纭，莫衷一是。在《朗文英汉双解词典》中，对"design"有这样的解释：作为动词有设计、绘制、计划、谋划、预定的意思；作为名词有计划、设计图、图样、图案、图样设计、美术工艺品的设计、装饰图案的含义，是人类创造活动的结果以及状态的表述。清华大学李砚祖教授从拉丁语、意大利语和英语的词根变化上对"设计"（design）作了全面的词源学考证和详尽的分析："汉语中的'设计'与英文对译词'design'在本质上是一致的，与汉语中的'策画''策划''意匠''图案'等词义相近。"张道一教授说："如果从字面训诂，设计就是'设想'和'计划'。"柳冠中教授认为"设计是一种创造行为，创造一种更为合理的生存（使用）方式"。

不论是在历史上，还是在当今的设计领域，来自科学、哲学、工程、建筑、工业设计等各个领域的专家学者对"设计"概念的定义与再定义从未停止过。可以说，每个定义都是从各学科自身的角度出发来解释的，虽然五花八门，但都反映了设计活动特性的一个侧面。因此，目前不可能用一个统一的概念认知来表达设计的概念，同样也不是简单地把各学科对设计的定义集中起来就可以正确理解设计概念。一直以来人们总在探讨何谓"设计"这个问题，虽然很难甚至不可能用一个准确的定义加以概括，但我们还是能在一些理论推导，实践、实例分析的理性基础上，找到"设计"的一些基本特征及规律。

通常情况下，人们对设计概念的理解可归纳为两种情况，这就导致"设计"这个词出现两种概念，一种是广义的概念，另一种则是狭义的概念。

1.1.2 广义的设计和狭义的设计

人类通过劳动改造世界，创造文明，创造物质财富和精神财富，而最基础、最主要的创造活动是造物。设计便是对造物活动进行预先的计划，可以把任何造物活动的计划和计划过程理解为设计。

按照赫伯特·亚历山大·西蒙（Herbert Alexander Simon）的观点，只要人们将知识、经验以及直觉投射于未来，目的是改变现状的活动，都带有设计性质。设计因此被理解为人类带有目的性、指向未来的创造性行为。这种广义的创造性行为可以追溯到远古时期人类打制第一件石器。"设计"似乎是一个新名词，但早在人类造物的初期，设计就本质性地存在了。换言之，一切人造物都是设计的产物，都有一个设计的过程。

包豪斯的教师拉兹洛·莫霍利·纳吉（Laszlo Moholy Nagy）曾说："设计不是一种职业，它是一种态度和观点，是一种规划者（计划）的态度观点。"按照这种观点，设计远不是仅将思想局限在家具、机器、日用品、建筑这些对象上，而是有计划、有目的地规划一种社会、文化、制度、价值、道德和行为准则。正是基于对设计的这种理解，《大英百科全书》把孔子也说成是伟大的设计师，因为他创造了文化与思想的观念体系。在广义设计观看来，任何"人为事物"都是经由设计而产生的。

设计是人们为满足一定需要，精心寻找和选择满意的备选方案的活动，这种活动在很大程度上是一种问题的求解活动、创造活动和发明活动。

设计的广义解释不受学科或专业本身的限制，这些含义具有普遍性与广义性。这就使得设计学科边界变得模糊。事实上，学科疆域的扩延以至融合是当今学术发展不可避免的一种现象。"从人类探索知识的途径角度上看，这个'融合'是合乎情理的，因为学科之分本身就是人为的。"因此，在广义的设计概念下，设计研究显然不可能局限在某个单一学科的知识范围之内。

狭义的设计解释则更接近设计的职业特征，指的是始于15世纪欧洲文艺复兴时期、工业化以后的专业性的设计活动，要求具体化和物质化的设计结果，如建筑设计、环境设计、产品设计、视觉传达设计、服装设计、数字媒体设计、城市规划设计等。

1.1.3　设计的外延和内涵

实际上，无论是作为名词还是动词，设计正趋向于一个不断变化和发展的开放性结构体系。随着创造性活动理论、现代决策理论、信息论、控制论、系统工程等现代理论与方法的发展及传播，人们冲破了传统学科间的专业壁垒，在相邻甚至相去甚远的学科领域内探索、研究，使现代设计科学走上了日趋整体化的道路，从而形成了设计学学科。无论是广义还是狭义的设计，其本质特征是相同的，即创造性、精神性、适应性、目的性等，这些特征规定着设计发展的走向。其中，设计的"目的性"是最为核心的特征之一。设计本身不是目的，它是人为实现自身目的而使用的手段和方式，往往表现为一个过程，设计的目的是人而不是物，人是设计的根本和出发点。因此，设计的"目的性"体现为人的目的性，换言之，就是满足人的需求。

现今，设计呈现多元化的发展趋势，各种新的理论观念不断出现，"设计"被加上不同定语以重新形成该专业的"科学范式"。

下面列举部分设计的定义：

《考工记》提出"天有时，地有气，材有美，工有巧，合此四者，然后可以为良"的重要观点，说明了季节气候、地理环境、材料的自然美感、人工的巧作这四个因素相结合才能创造出精良的器物。

设计是"一种针对目标的问题求解活动"。

设计是"将人为环境符合人类的社会心理、生理需求的过程"。

设计是"从现存事实转向未来可能的一种想象跃进"。

设计是"一种创造性活动——创造前所未有的、新颖而又有益的东西"。

设计是"一种构思与计划，以及把这种构思与计划通过一定的手段符号化的活动过程"。

设计是"建立在一定生产方式上的造型计划"。

设计是"使人造物产生变化的活动"。

设计是"一种社会—文化活动"。

设计是"对一批特殊的实际需要的总和，得出最恰当的答案"。

设计是"实现信念的一种非常复杂的行动"。

设计是"一种约定俗成的活动，是在规定和创造未来"。

设计是"一种探讨生活的途径"。

设计是"从客观现实向未来可能富有想象的跨越"。

设计是"从无到有的创造，创造新颖有用的事物"。

设计是"拿出令人满意的产品"。

设计是"一种复杂的、半科学性的有功能作用的实战模式"。

"设计所关心的是发现和精心构造备选方案。"

"设计像科学那样，与其说是一个学科，不如说是以共同的学术途径、共同的语言体系和共同的程序,予以统一的一类学科。设计像科学那样,是观察世界和使世界结构化的一种方法,因此,设计可以扩展应用到我们希望以设计者身份去注意的一切现象,正像科学可以应用到我们希望给予科学研究的一切现象那样。"

1.1.4 好设计的内涵

好的设计没有一个明确的度量标准,但德国著名工业设计师迪特·拉姆斯(Dieter Rams)的十条关于"什么是好的设计"的总结概述被众多设计师奉为启蒙与净化心灵的设计哲学,正越来越被那些已经形成成熟设计文化的国家重视,并不断融合于自身设计产品之中。

(1)好的设计是创新的(good design is innovative)

创新的可能性是永远存在并且不会消耗殆尽的。科技日新月异的发展不断为创新设计提供崭新的机会,同时创新设计总是伴随着科技的进步而向前发展,永远不会完结。

(2)好的设计是实用的(good design makes a product useful)

产品买来是要使用的,至少要满足某些基本标准,不但表现为功能,也要体现在用户的购买心理和产品的审美上。优秀的设计在强调实用性的同时也不能忽略其他方面,不然产品质量就会大打折扣。

(3)好的设计是唯美的(good design is aesthetic)

产品的美感是实用性不可或缺的一部分,因为每天使用的产品都无时无刻不在影响着我们的生活,但是只有精湛的东西才可能是美的。

(4)好的设计让产品说话(good design helps a product to be understood)

优秀的设计让产品的结构清晰明了,更强大的是它能让产品自己说话,最好是一切能够不言自明。

(5)好的设计是谦虚的(good design is unobtrusive)

产品要像工具一样能够达到某种目的,它们既不是装饰物也不是艺术品。因此它们应该是中庸的、带有约束的,这样会给使用者的个性表现留有一定空间。

(6)好的设计是诚实的(good design is honest)

不要夸张产品本身的创意、功能的强大和其价值,也不要试图用实现不了的承诺去欺骗消费者。

(7)好的设计是坚固耐用的(good design is durable)

它使产品看上去永远都不会过时而避免成为短暂时尚的。好的设计在当今被一次性商品充斥的社会中,会被人们接受并使用很多年。

(8)好的设计是细致的(good design is thorough to the last detail)

对任何细节都不能敷衍了事或者怀有侥幸心理,设计过程中的细心和精确是对消费者的一种尊重。

(9)好的设计是关心环境因素的(good design is concerned with the environment)

好的设计必须考虑到使用者的环境,关注体验的每一个环节。

(10)好的设计是尽可能地无设计(good design is as little design as possible)

简洁,但是要更好。因为它浓缩了产品所必须具备的因素,剔除不必要的东西。"大道至简,平淡为归。"

1.1.5　工业设计的概念

工业设计：是工业化时代创造性设计活动的总称，是为了实现某种特定目标而进行的一种智力型、整合性的系统创造活动。

①以知识、技术、文化、艺术等诸因素为资源。（要素）

②以产品、服务为载体，以市场、企业、品牌为平台。（载体）

③贯穿于研究需求、工业制造、营销流通、消费使用、环境保护等社会活动全过程。（结构）

④转化与开发技术、引导并满足消费、提升价值和企业品牌竞争力、塑造先进的社会文化。（功能）

⑤创造更合理和更健康的生产和生活方式，以构建可持续发展的和谐社会。（目标）

工业设计的分类层次：

①产品改良设计——制造型企业的设计；

②产品开发设计——创新型产业的设计；

③集合式服务系统设计——政府型产业创新战略。

2015年世界设计组织（World Design Organization，WDO）提出了对工业设计的最新定义："工业设计旨在引导创新、促发商业成功及提供更高质量的生活，是一种将策略性解决问题的过程应用于产品、系统、服务及体验的设计活动。它是一种跨学科的专业，将创新、技术、商业、研究及消费者紧密联系在一起，共同进行创造性活动，并将需解决的问题、提出的解决方案进行可视化，重新解构问题，并将其作为建立更好的产品、系统、服务、体验或商业网络的机会，提供新的价值以及竞争优势。工业设计是通过其输出物对社会、经济、环境及伦理方面问题的回应，旨在创造一个更好的世界。"

根据2015年WDO对工业设计的最新定义，我们可以从四个方面来解析新定义的内涵。

（1）工业设计的主要特征是追求创新与变化

创新是打破和改变固有的旧模式，创立新的模式。创新具有三个主要特征：①独特性，与众不同，独一无二；②实用性，真正解决问题，而不是使之出现更多的复杂问题；③可实现性，在现有技术条件下可以实现。创新导致新旧事物的交替变化，促使人类文明的进化。设计自古就有，而工业设计是针对工业革命以来出现的问题，用各种价值观念协调人与人、人与物、人与自然之间的关系，以开拓创新的方式来规划工业时代的未来，也是设计领域最为重要的专业学科。创新是工业社会的核心价值观，也是工业设计的职业道德和职业行为方式。

（2）工业设计的核心竞争力是问题导向下的策略化的视觉和体验解决方案

问题导向，就是以用户为中心的设计，解决好用户的需求问题和痛点问题。简而言之，从用户最希望的地方（需求）做起，从用户最不满意的地方（痛点）改起。工业设计就是要发现问题、分析问题、解决问题，主要针对的问题包括：提出新的人物关系，提出新概念产品和改良产品。策略化是用来帮助确定这些问题，以有效的方法和步骤确定产品和服务的所有利益点并传达给目标市场，让消费者（用户）的认知判断和观念达到企业目标以促进销售的指导原则。策略化主要是研讨和制定产品和服务的商业盈利模式，用最简单的话说，设计师应当知道自己所服务的企业（组织）是如何赚钱的，企业（组织）在将来如何增加收益。策略主要包括：企业策略、设计策略、商业策略、品牌策略等。这些策略的主要内容包括：企业运营管理结构、技术分析、可行性研究（资金、技术、人才、市场）、价值分析、成本控制、新技术与新材料应用、品牌形象与调性、用户研究、产品定位、大众流行趋势，等等。

将问题统筹经过策略化的研判，用视觉化的设计方法表达出来，再用可量化和物质化的手段呈现出来，创造出优良的产品，满足人们合理的诉求，提供良好的用户体验，提高人们的工作、学习效率和生活品质。因此，工业设计的核心竞争力是问题导向下的策略化的视觉和体验解决方案。要求工业设计师应具有理性的、科学的设计方法和思维，摒弃"以自我为中心的艺术表现"，达到"科学理性的设计表达"的专业要求。

（3）工业设计的研究内容是从倚重产品（制造业）延伸到构建环境网络的和谐关系

工业设计的核心是产品，包括有形的实体产品和无形的服务。产品的全球产业链包括产品设计、原料采购、物流运输、订单处理、批发经营、终端销售和加工制造，简称"6+1"，从而产品才能进入用户手中。工业设计是连接企业和市场（用户）的桥梁。工业设计是人类有目的的实践活动的过程和结果，既是一个社会范畴，也是一个自然范畴，所以工业设计既受到社会环境因素的影响和制约，也受到自然环境的影响和制约，好的设计应该是社会环境效益和自然环境效益的统一。设计师一定要深刻认识产品设计的大背景和环境，从而明确设计的目的，才能更好地平衡人类对美好的生活条件的追求与保护环境之间的关系。工业设计的环境正在发生很大变化，依托互联网和信息产业革命的纵向推进，工业设计的研究内容从倚重产品（制造业）延伸到构建环境网络的和谐关系，从主要探讨人物关系逐渐扩展到各种价值观念协调以及构建人与人（社会）、人与物、人与自然之间的和谐关系。如智能手机，除了具备良好的人机对话体验之外，还要适应重新构建后复杂环境（无线网络信号、文化背景等）的影响，以及参与更为复杂的人与人互动和社交网络分享。没有"环境网络"的和谐关系，产品本身存在的价值将会大大地降低。

（4）追求更加美好的生活和世界是我们的终极目标

工业设计的实质就是规划人类自身的生存与发展方式，而不仅仅是设计物件。正确的设计思想是通过物的设计体现出人的力量、人的本质、人的文化和人的生存方式。和谐产生美好，过度的物质追求和过度的设计，会导致物欲横流、浪费主义和享乐主义盛行。设计观念和设计评价标准要注重产品真正意义上的创新，在满足人们的生理和心理需求的同时，创造出和谐、美好的人类的生活方式。工业设计正是通过其输出物对社会、经济、环境及伦理方面问题进行回应，旨在创造一个更美好的世界。

1.2 方法的概述

方法的概述	方法是关于人们认识世界与改造世界的目的、途径、策略、工具与操作技能
---	这五个层次有机组合的一个选择性系统
	人们在能动地处理主客观关系的活动中，对客观规律的自觉运用

方法：是关于人们认识世界与改造世界的一个选择性系统，它分为五个层次有机组合，包括目的、途径、策略、工具与操作技能。

方法的实质，是指人们在能动地处理主客观关系的活动中，对客观规律的自觉运用。在科学活动中，方法的发展和更新对理论的建立和突破有着重要作用。许多科学家之所以能做出重大的科学贡献，除了依靠当时的生产和科学技术条件之外，还与他们运用了正确的方法是分不开的。好的方法能达到事半功倍的效果，反之则事倍功半。

方法论：是关于方法的规律的理论。

哲学中的方法有一般方法、具体方法之分。各门科学都有自己的具体方法。哲学中的方法范畴不同于具体科学的具体方法，也区别于不同领域的一般方法，它是关于自然、社会、思维的最一般方法。

方法研究通常针对人们做事的某一个领域：如调查研究中的方法称为调查方法，预测中的方法称为预测方法，评价时的方法称为评价方法，等等。

一项复杂活动包含若干部分与环节，在每个部分和环节中又有各自的方法：如调查研究中有问卷调查法、观察法、实验法（实验调查法）等，设计构思时有智力激励类技法、设问类技法、列举类技法、联想类技法、组合类技法等，在我们每个人的生活中有处世方法、学习方法、交友方法、消费方法等。所以，对人类活动中的方法的研究是技术科学的基本和核心任务。

1.3　方法论的概念

方法论的概念
- 定义　关于方法的规律的理论
- 以方法为研究对象　研究并揭示方法的本质、地位和作用、发展规律、内部关系、运用原则、创新途径，以及与方法有关的认识和实践的理论问题
- 意义　在面对新的问题时如何创造新的工具

自古以来，方法就是人们关注的问题。随着社会的进步，人们认识和改造世界的任务更加繁重复杂，方法的重要性也就更加突出。

如果把方法理解为纯粹技术层面的东西——工具，那么方法论很自然就是方法的集合——工具箱。这样的方法论就导致人们对方法的研究走向僵化，希望找到万能钥匙，或是罗列许多方法以及它们的功能和操作步骤，就如同工具的使用说明书。这样理解方法，非常片面，也非常浅显，忽略了方法的科学性和创造性。

方法论还有另一种解释：关于方法的规律的理论。这就是如今通用的方法论的科学定义。它的研究包括方法的本质，方法在认识与实践中的地位和作用，方法的发展及其发展规律，方法的体系及其内部关系，方法的运用原则和创新途径，以及与方法有关的认识和实践的理论问题。方法论的意义在于，它不但使你明白什么时候用和如何用某种工具，还指导你在面对新的问题时如何创造新的工具，即"关于设计的方法的规律"。

1.4　方法论的层次

方法论的层次
- 哲学方法论　关于认识世界、改造世界、探索实现主观世界与客观世界相一致的方法理论
- 一般科学方法论　研究各门具体学科，带有一定的普遍意义，适用于许多相关领域的方法理论
- 具体科学方法论　研究某一具体学科，涉及某一具体领域的方法理论

方法论是一个多层次的有机体，其各层次相互依存、相互影响、相互补充，并产生功效。方法论在层次上有哲学方法论、一般科学方法论、具体科学方法论之分。

（1）哲学方法论

关于认识世界、改造世界、探索实现主观世界与客观世界相一致的方法理论是哲学方法论，它普遍适用于自然科学、社会科学和思维科学，是一切科学中最基础的方法。例如：科学发展观是指导发展世界观的集中体现。科学发展观强调人与自然的和谐发展，把人作为推动发展的主体和基本力量，同时把满足人们不断增长的物质文化需要作为发展的根本出发点和落脚点，具有时代特色。与之相适应的方法论强调可持续发展，以人为本，促进人与自然的和谐。

（2）一般科学方法论

适用于许多相关领域、带有一定的普遍意义的研究具体学科的方法理论是一般科学方法论。科学研究中的一般方法，是从各门学科中总结和概括出来的，它不是某一学科独有的，而是一部分学科或一大类学科都采用的方法，如实验方法、逻辑方法、数学方法、系统论方法、控制论方法、信息论方法等。

（3）具体科学方法论

研究某一具体学科，涉及具体领域的方法理论是具体科学方法论。它反映学科中的一些具体方法，属于具体学科本身的研究对象。

以上三个不同层次方法论之间的关系是相互依存、相互影响、相互补充的对立统一关系；而哲学方法论在一定意义上带有决定性作用，它是各门科学方法论的概括和总结，是最一般的方法论，对一般科学方法论、具体科学方法论有着指导意义。

不同层次的方法论有着不同的适用范围和不同的实用价值，但不能形式主义地认为方法论层次越高其社会实用价值越大。有许多专门的具体的实用方法在方法论的体系结构中处于基础层次，但它们的社会实用价值可能超越位于高层次的方法论。同时，方法的实用性并不是孤立的，各层次方法论的价值功能是相互联系的，是可以转化的和互补的。一般情况下，一个设计活动的效果很少是一种方法论产生的作用，而往往是几种方法论协同活动、综合作用的结果。

1.5 设计方法的概述

设计方法：是对设计的基本原则与一般程序的研究，它关注设计中的"是"以及"应该"如何进行。

设计方法的特点：

（1）方法的社会学转向

设计实践与研究的核心目的是发现人的需求、期望、目的、情感、体验，大多是在心理学、社会学、人类学（民族志）、语言学等社会科学的介入下进行的，国内外的许多知名设计咨询公司都有人类学家、社会学家、语言学家参与设计。社会科学的方法，比如社会学的问卷调查、抽样、焦点群体（focus group），心理学的认知实验，人类学的"田野调查"（field research）与"民族志"（ethnography）等，也开始渗透到设计领域。

（2）设计研究与设计实践的分化与融合

研究本身也是一种设计，设计本身也是一种研究。在设计研究与实践之间的关系上，一方面，研究不仅仅提供知识，研究本身也是一种设计，在解决实际问题；另一方面，设计实践中往往也融入研究的成分，即设计本身也是一种研究。研究与实践之间并无明显的界限，不过是一个连续体的两端而已。

（3）对用户个体的研究

User-Centered Research 设计方法的核心问题变成了"如何了解用户"。设计研究回归到个体，回归到用户。

（4）对"不确定性"因素的研究

与经济学、心理学等其他学科同步，在经历了20世纪的设计理性阶段后，在20世纪末，设计科学也进入"非理性"阶段。感性工学、情感设计、体验设计等表明，设计正转向研究人性中的"不确定性"。如果要测量一个人的身高、体重、年龄与收入等客观性、确定性信息，是非常容易的，但涉及爱好、需求、审美、情感等模糊因素时，我们的探求方法就非常有限。显性的东西总是很好把握，而隐性的东西，如同海面下的冰山，巨大而不易被发现，才是设计方法论的核心难点。

（5）多学科研究、团队工作

设计之复杂，其涵盖的知识来自方方面面，而今天知识的总量较之文艺复兴时期要多得多，不可能再出现"通才"式的大师。此外，自笛卡尔以来的学科分化造成的专业壁垒不断加深，人们对局部的认识在深化，但同时也失去了整体。以团体智慧替代个体智慧，多学科的团队工作正是解决这两方面问题的最佳途径。

1.6　设计方法论

设计方法论 ──┬ 设计方法论亦称为设计科学、设计工程或设计方法学
　　　　　　　├ 研究设计进程中各阶段、各步骤之间的联系规律、原则和原理，以求得合理的设计进程
　　　　　　　└ 具有鲜明的系统性

方法论不是严格的形式科学，而是实用科学。它与人的活动有关，给人以行动上的指示，说明人应该如何确定自己的认识目的，使用哪些辅助手段，以便有效地获得科学认识。正是在方法论的基础上，设计科学才得以建立。

1969 年，赫伯特·亚历山大·西蒙（Herbert Alexander Simon）出版了《人工科学》（*The Science of Artificial*，又译为《关于人为事物的科学》）一书，正式提出了设计科学（science of design）的概念，书

中总结了当时初见端倪的设计科学的特点、内容和意义,这是设计方法论的一部经典著作。设计方法论是设计学科的科学方法论,西蒙认为它是"关于认识和改造广义设计的根本科学方法的学说,是设计领域最一般规律的科学"。它涉及工程学、管理学、价值科学、社会学、生理学、心理学、思维科学、美学和哲学诸多领域的知识。作为方法论,它主要研究设计的过程与各阶段、各步骤之间的关联性规律、原理和规则,以确保整个设计项目有一个科学、合理的设计进程。因此,设计方法论是探讨设计进程最优化的方法论。

设计方法论亦称为设计科学、设计工程或设计方法学。第二次世界大战后,由于信息工程、系统工程、人机工程、管理工程、创造工程、科学哲学、科学学等一系列新兴学科迅速发展,一批哲学家、科学家、工程师和设计师从一般方法论的角度研究设计中的方法论问题,许多工程师和设计师从而认识到:传统的设计方法已经不适合解决日益复杂的设计问题,必须代之以新的设计观、思想、原则和方法。之所以要提出这样一个概念,是基于设计概念的发展和演化。随着时代变迁,设计的外延和内涵都在发生变化。设计是一个方法系统,当外部环境发生变化时,要适应这一变化,就必须将设计纳入系统思维和系统操作的过程,将设计的概念从实物水平提升到系统水平。这一观念的意义在于:将改变设计概念局限于单纯的技能和方法的认识,也就是不再孤立地分析设计过程中的各个环节,而是要形成对设计的整体化、系统化认识。历史的发展证明,经验和科学使人类文明发展,经验和科学一旦转化为方法系统就将发挥巨大威力。所以在自然科学当中,创立方法比某些具体发现更为重要;同样的道理也适用于设计领域,仅靠经验指导活动的办法无济于事,要靠科学的方法系统。

设计方法论作为设计科学的崭新研究领域之一,必将在多种多样的设计领域方法论的研究成果的基础上不断得到充实和发展。现代设计方法论脱胎于传统设计方法,具有以下特点:①从战略高度,用大视角审视设计对象。②设计方法论是应用科学,是新兴的交叉学科。设计方法论主要研究设计进程中各阶段、各步骤之间的联系规律、原则和原理,以求得合理的设计进程。因此,设计方法论是探讨设计进程最优化的方法论。③设计方法论具有鲜明的系统性。④设计方法论追求设计结果的整体最优化。

1.7　设计方法学的研究内容

设计方法学的研究内容

概述 —— 在深入研究设计过程的基础上,以系统论的观点研究设计进程和设计方法的科学

内容
- 研究设计各阶段的任务与特点,寻求符合规律的设计程序
- 分析设计中的思维规律,研究设计人员科学的创造性思维方法和技术
- 研究各种类型设计的特点以及现代设计理论与方法在设计中的应用
- 研究设计信息库(知识库和方法库)的建立和应用
- 研究设计步骤、理论、方法如何与计算机等先进工具进行结合,运用先进理论,建立知识库系统,利用智能化手段使设计自动化逐步实现

设计方法学是以系统论的观点研究设计进程和设计方法的科学。设计科学的研究在总结规律性、启发创造性的基础上,综合运用了现代的设计理论、方法和手段。

①研究设计各阶段的任务与特点，寻求符合规律的设计程序。

将设计过程分为设计规划(明确设计任务)、方案设计、技术设计和施工设计四个阶段，明确各阶段的主要工作任务和目标，在此基础上建立产品开发的进程模式，探讨产品全生命周期的优化设计及一体化开发策略。

②分析设计中的思维规律，研究设计人员科学的创造性思维方法和技术。

强调产品设计中设计人员创新能力的重要性，分析创造性思维规律，研究并促进各种创新技法在设计中的运用。

③研究各种类型设计的特点以及现代设计理论与方法在设计中的应用。

分析各种现代设计理论和方法如系统工程、创造工程、价值工程、优化工程、人机工程、设计美学等在设计中的应用，实现产品的优化设计，提高产品的竞争能力。深入分析各种类型设计如开发型设计、扩展型设计、参数化设计、反求设计等的特点，以便更有针对性地进行设计。

④研究设计信息库(知识库和方法库)的建立和应用。

用系统工程方法编制设计信息库，把设计过程中所需的大量信息加以科学、规律的分类、排列、储存，便于设计者查找和调用，便于计算机辅助设计的应用。

⑤研究设计步骤、理论、方法如何与计算机等先进工具进行结合，运用先进理论，建立知识库系统，利用智能化手段使设计自动化逐步实现。

1.8　产品设计的方法论

产品设计的方法论 ── 定义 ─研究产品设计规律、设计程序及设计思维和工作方法的一门综合性学科

内涵 ─ 以艺术与技术的统一为基础的设计思想和方法
以功能与形式的统一为基础的设计思想和方法
以微观与宏观的统一为基础的设计思想和方法

产品设计方法论(学)是研究产品设计规律、设计程序及设计思维和工作方法的一门综合性学科。产品设计方法论以系统工程的观点分析设计的战略进程和设计方法、手段的战术问题，在总结设计规律、启发创造性思维的基础上，促进研究现代设计理论、科学方法、先进手段和工具在产品设计中的综合运用，对开发新产品、改造旧产品和提高产品的市场竞争能力有着积极的作用。

产品设计方法论经过了几个重要的时期。从工艺美术运动(The Arts & Crafts Movement)开始，到德意志制造同盟(Deutscher Werkbund)，许多的设计实践在包豪斯(Bauhaus)得到了升华，从设计教育的角度被归纳为一系列的规律和规范，这些规律和规范共同构成了设计意义。这个时期的方法论强调工业化大生产与手工艺生产的区别，提出产品设计需要在大规模生产下为普通大众服务，虽然把美学放在了重要的位置，但还是要求"形式追随功能"(form follows function)，即推崇设计的合理性。从20世纪30年代开始，随着美国工业的高速发展，设计实践得到了极大丰富，特别是在交通工具领域。在包豪斯的基础上，美国的产品设计行业发展出了自己的设计方法论体系，更加强调设计的商业性，"形式追随功能"变成了"设计追随销售"，设计成为有计划的商品废止制的最佳实现工具，样式成为设计最重要的考量。"二战"之后，随着欧洲和日本的复兴，设计实践变得更加多样

化,产品设计方法更多地考虑文化因素,强调表现地域性;人机工程学被引入设计方法论,开始把人放到设计的中心。同时设计被整合进企业的产品开发流程,人们开始从企业整体经营的角度考量设计。20世纪80年代末90年代初,随着信息产业在美国迅速兴起,产品设计的实践随之进入了一个全新的阶段。以电脑为代表的信息产品是人类社会史上前所未有的产品,它们的功能、特征和属性完全突破了人们对产品以往的认识,导致原有的设计思想和法则难以胜任该类产品的设计指导工作,于是产品设计方法论研究进入了一个新的阶段。到了千禧年之后,人类社会开始进入互联网信息技术引领的全新时代,物联网、交互技术、人工智能等新兴技术全面渗透入人类生活的方方面面,设计的目标对象从物质实体逐渐往"界面设计"和"非物质设计"过渡,设计与技术的关系更为紧密。用户购买产品的最终目的是功能的实现、需求的满足和问题的解决,而不是为了获得一件实体产品,用户更多的是需要一种服务或者体验,交互设计、服务设计、包容性设计等新兴设计理念出现。设计已经悄然进入了全新的多元化时代,"形式追随功能""形式追随情感""形式追随技术""形式追随人"的理念与新的设计理念和方法不断融合与发展,同时也在改变着设计研究的范畴和边界。

1.8.1　以艺术与技术的统一为基础的设计思想和方法

在产品设计中,技术指产品功能实现的基本原理、内外结构、所使用的材料及生产的工艺等将产品物化为现实实体的各方面因素;而艺术则可以指产品所呈现的形式美及通过产品表现出的审美倾向、价值判断等社会意识形态方面的因素。通俗地说,在一般人的理解中,技术偏重产品的物质实体层面,艺术偏重产品的精神层面。

德国包豪斯学校提出了技术与艺术的统一问题。1919年《包豪斯宣言》中提倡:"建筑师们、雕刻家们、画家们,我们全都必须回到手工艺中去!因为艺术不是一种'职业'。艺术家和手工艺人之间没有本质的区别。艺术家是一位提高了的手工艺人。"格罗皮乌斯(Walter Gropius)认为,艺术与手工艺不是对立的,而是一个活动的两个方面,他希望通过教学改革,使它们得到良好、和谐的结合,强调工艺与艺术的和谐统一,并亲自拟定了"手工艺训练是包豪斯一切教学工作的基础"的教学指导原则。随着工业技术的标准化,产品效益性优势日益突出,格罗皮乌斯迅速地调整了"重新回到手工艺"的思路,确立了产品设计同大工业生产方式相结合的指导思想。1923年8月,格罗皮乌斯在包豪斯展览会开幕式上,发表了关于"艺术与技术的新统一"的演讲,明确了艺术与技术相结合的教育思想。

在产品设计中,技术和艺术是矛盾的统一体,两者完美结合,造就优良的设计;反之,则导致设计的面目可憎。当设计中的技术与艺术达到动态的平衡时,设计表现为一种较为稳定的风格。技术在革新发展,艺术也在不断变化,设计也因此呈现出不同的面目。为了使设计更准确,所有控制设计精确性的因素都应预先经过研究和计算,使产品设计建立在科学的基础之上。在这种形势下,产品设计的概念也日益深化。如果说,当初产品设计源于艺术与技术之间的鸿沟,那么今天产品设计的飞速发展正在逐步填平这两者之间的鸿沟。产品设计从产生的第一天起就表现了它的逆反性,抛弃传统,抛弃旧的审美偏见,把理论与实践结合起来,把艺术与技术结合起来,从而创造出符合时代要求的新产品。"目前现代艺术积极靠近科学与技术,这是不可回避的现实。"当今时代,我们需要通过优美的产品设计来体现科技进步、文化内涵、人文关怀和对环境的关注,只有这样我们的产品才不是粗陋的。

1.8.2　以功能与形式的统一为基础的设计思想和方法

在《现代汉语词典》中,"功能"是指事物或方法所发挥的有利的作用,"形式"则是指事物的形状、结构等。

功能与形式的关系问题是产品设计方法论研究的重要内容之一。现代主义风格对人类社会生活产生了巨大影响，现代主义的内核是功能主义。20世纪初，以工业设计为主导的现代主义设计运动席卷整个欧美地区。它是在现代科学技术革命的推动下开展的，是建立在大工业机器生产之上的。它在理论与实践方面都取得了很高的成就，使人的生存环境发生了巨大变化，也使人们的消费要求和审美趣味发生了根本性改变。功能主义的风格简洁、质朴、实用、方便。现代主义设计产生了一种全新的设计美学观，即"机械化时代的设计美学"。格罗皮乌斯指出，我们处在一个生活大变动的时期，旧社会在机器的冲击之下破碎了，新社会正在形成之中。在我们的设计之中，重要的不是随波逐流式地随着生活的变化而改变我们的设计表现方式，绝对不应该从形式上追求所谓的风格。我们反对把形式与功能本末倒置，并且应该强调机械对于工业设计的决定性作用。坚持贯彻"功能第一、形式第二"的设计原则，提倡设计应该"能够从实际方面完全达到自身的功能目的"，这样设计出的产品才是可以应用、值得信赖、造价低廉和经济有效的。

随着时代的发展，传统的功能主义的设计样式和设计原理发生了变化，形成了多元化的设计样式。功能再也不是单一的使用功能，而呈现为复合形态，即物质功能、信息功能、环境功能和社会功能的综合。所以功能论并不过时，它也是动态的，不同时代赋予产品不同的功能内涵。孟菲斯（Memphis）设计集团和后现代的设计师们就曾经提出，设计师的责任不是实现功能而是发现功能，"新的功能就是新的自由"。产品设计发展的历程表明，没有功能，形式就无从产生。因此，正确处理功能与形式的关系是产品设计方法论研究的重要内容。产品的功能与形式必然是合二为一的，没有功能、华而不实的产品是对消费者的欺骗和对社会资源的浪费；而缺少形式美的产品则是粗糙的物品。因此，我们既要反对华而不实的产品设计，同样也要反对虽实用却粗糙简陋的产品设计。总而言之，产品的功能和形式是相互依存的，同时又具有一定的对立性，它们是辩证统一的。

1.8.3　以微观与宏观的统一为基础的设计思想和方法

从微观与宏观统一的角度理解产品、人和环境，则形成产品设计研究系统，这一系统通过人使用产品的行为连接成一体。在这一系统的不同层面上的微观和宏观的统一，体现为不同意义的部分与整体的统一。

以"设计事理学"的观点为例来阐述以微观与宏观的统一为基础的设计思想和方法。

"使用方式说"是柳冠中教授在20世纪80年代提出的观点，成为当今工业设计、产品设计界一个广泛的指导原则。"合理的使用方式"包括主宰"人"、对象"物"、目的"生存"。其中"人"是主要因素，"使用"是指人的行为过程，"方式"是人类文明、文化的具体化，"合理"是审美标准。"使用方式说"强调产品设计为人的生理和人的心理服务，这样，为人类社会环境改善服务就不再是空洞抽象的口号，而是具体明确的行为。创造一个由各种产品组成的物化环境以反映现代文明社会的状况，即创造一种合理的使用方式。合理的使用方式是衡量设计的功能与形式是否合适、协调的原则。功能包含社会中的人使用产品的需要，形式是这种需要的具体体现，即造型、色彩是将社会及人的需要物化的结果和表达。二者一致才有存在的价值，有价值才能发展，才能上升为具有典型意义的概念——"社会美"。合理的使用方式不仅包含了"适用、经济、美观"的原则，而且将"适用、经济、美观"的原则提升到新的发展高度。所谓合理是相对的，它随着生产力、生产关系的变革而不断被赋予新的内容。按系统论的思想理解"适用、经济、美观"，势必把它们提高到"合理的使用或生存方式"上来。人类在不断改造客观世界的过程中创造了意识，从被动变为主动。人类按自己的理想去改造自然，这种主观实践与客观实际相一致，是一种相对合理的生存方式的体现。这个过程既是人类历史的进程，也是"美"产生的过程。"使用方式说"通过对社会中人、产品、环境关系的辩证解析，为产品设计方法论打开了新的视域。柳冠中教授在"使用方式说"的基础上进而提出了"设计事理学"的产品设计方法论。

事理研究可以粗略地分为两个层次：微观、宏观。微观研究即在"具体"的情境中去把握"事"的各元素间关系，去理解人是如何感知外部世界的，如何与外部世界互动，又是如何被外部世界所影响，从中发现问题，为细节设计提供依据。宏观层次的事理研究即对生活形态的研究。类型化的人群、一件件微观的事被有结构地组织在一起，就成为宏观的"生活方式"。这样的研究可以了解人们是怎样生活的，什么是可以接受的，他们的希望与梦想是什么。设计创造的其实是生活的方式。

通过上述阐述，可看出以微观与宏观的统一为基础的设计思想与方法是一种意义更为广泛的现代产品设计方法论。

1.9 事理学设计方法论

1.9.1 事的结构分析

"事"特指在某一特定时空下，人与人或人与物之间发生的行为互动或信息交换。在此过程中，人的意识中有一定的"意义"生成，而物发生了状态的"变化"。

"事"的结构包括以下部分：时间、空间、人、物、行为、信息、意义。

1.9.2 事物情理

1.事与物

从事的结构里可以看出，事里包含着人与物，还体现了二者之间的关系（行为互动与信息交换），反映了时间与空间的"情境"——或叫作"背景"，或叫作"context"，最重要的是，通过事可以看到事背后人的动机、目的、情感、价值等意义。因此，事是一个更大的系统。在具体的"事"里，动态地反映了人、物之间的"显性关系"与"隐藏的逻辑"（图1-9-1）。

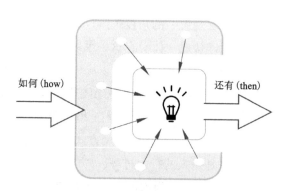

图1-9-1 事与物的关系场

2.人与物

人与物对应着"事"结构内的主语和宾语，施动与受动，信息发出与信息接收。物泛指人为"事"和"物"，既包括有形的人工物，也包括信息、服务等无形的、非物质的人工产品。

在事的结构里，人是核心，如果没有了主语，故事就不完整。其实文化、社会、历史等大的概念都集中体现在具体的、微观的人身上。社会学也是通过研究微观的人去建构宏观的理论。因此，在事的结构里，人也应该是具体的，是男性还是女性，是老人、青年还是儿童，从事什么职业，有过什么样的教育，经济状况如何，分属哪个社会阶级，社会角色、身份与地位如何，地域文化内化了怎样的观念与思维习惯，等等。这些都是具体人的属性，只有确定这些具体的内容，我们才能更准确地明白他是谁，他是怎样生活的，他的需求是什么。

当代，以人为本的设计成为主流思想。但关于什么是"人本"的研究却非常有限。一般认为考虑人体尺寸或为弱势群体设计产品就算以人为本了。但这是片面的理解，我们应该考虑与人相关的所有因素——生理方面的、认知心理上的、社会的、文化的等，这些因素影响人与其外部世界的互动关系，揭示人类的需求与愿望，而这些需求与愿望的实现则是通过设计师对产品、信息、服务及系统的设计来完成的。

1.9.3　实事求是、合情合理

"事"是塑造、限定、制约物的外部因素，因此设计的过程应该是"实事—求是"。设计首先要研究不同的人（或同一人）在不同环境、条件、时间等因素下的需求，从人的使用状态、使用过程中确定设计的目的，这一过程叫作"实事"；然后选择造"物"的原理、材料、工艺、设备、形态、色彩等内部因素，这一过程叫作"求是"。"实事"是发现问题和定义问题，"求是"是解决问题；"实事"是望闻问切，"求是"是对症下药。

检验设计好坏的评价体系也来自"事"。把设计结果放到具体的"事"中去，在行事过程中看是否"合情合理"。不合理的设计或不合乎人的目的性的设计，会让人在行事过程中产生迷惑、疑问、阻塞、误操作等，使人产生负面的感情和价值判断。

1.9.4　从设计"物"到设计"事"

"设计事理学"将设计行为理解为协调内外因素关系，并将外在资源最优化利用及创造性发挥的过程。从设计的外在因素来讲，影响设计的外在因素是多样且复杂的。设计者无法改变既有的外在条件，只能最大限度地利用既有资源进行合理创造。设计的能动力量来自设计者的协调能力和重组资源的创造性。就此意义而言，外部环境因素提供给设计者一个他能够选择的资源域，每一设计行为都意味着对可控资源的组织及创造性利用。而就设计自身的目标而言，设计的核心是考虑不同"意愿"（不同目标）的需要，解决相应的问题，而内在目标是设计思考、解决问题的出发点，因此一切资源的组织与利用都要围绕核心目标展开。

设计活动存在于这样一个界面上：在它的外部是不断变化的，不同人的目的与环境的"要求"，称为"外部因素"；在它的内部是"可组织"的元素及关系，称为"内部因素"。一个设计问题可以表述为"通过内部环境的组织来适应外部环境的变化"。内部环境代表了可能性，是一些可变通的元素及其组合；外部环境代表了限定性，是一组变化的参数。如设计潜水表就是考虑如何在变化的外部环境（深水）下组织内部因素（结构、材料等），达到计时准确的最终目的（图1-9-2）。

"物"是"人"目的性的投射。设计就发生在内部因素与外部因素的"关系"中。设计活动是在二者之间寻找相互适应，开始是了解外部需求与限定，然后组织内部结构接受外部的评估、反馈，又再修改内部结构，如此循环往复，一代又一代的人工物就这样进化发展。设计活动包含两部分内容：明确外部的限定因素，组织内部的构成因素，可以归纳为"明确目标—构筑手段"。不管是手段在先，还是目的在先，二者的相互适应最重要。这种适应是双向展开的，我们可以通过前期的调查研究来明确目标是什么，然后选择合适的手段来达到目标；可以通过灵活的手段，如柔性制造、大规模定制，来应对模糊的、多样变化的目标，不能硬性地分割二者，任何一个设计都应该是二者相适应的结果。因此，在内外之间找到一个契合点，人为事物就诞生在那个点上。设计就是内外互动的介质，是彼此沟通的桥梁，是相互联系的纽带，是人的系统与物的系统的融合（图1-9-3）。

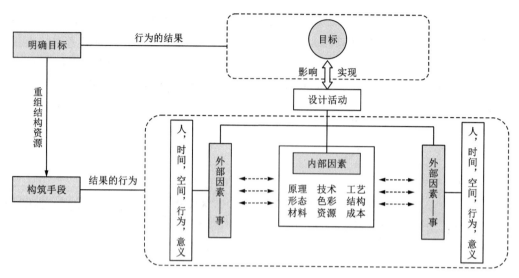

图 1-9-2　设计活动复杂性 1

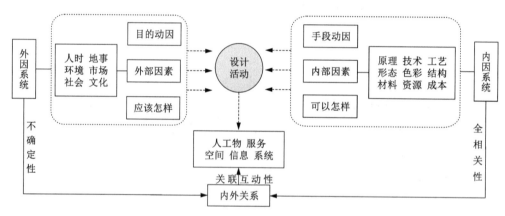

图 1-9-3　设计活动复杂性 2

设计复杂性的根源，"复杂性"科学范式告诉我们，今天的世界是个充满"关系（联系）"的世界，世界因关系而复杂。因此，设计的复杂性也在于关系的复杂，可以通过三个方面来表述：

①外因系统的不确定性（目标不明确）：外因核心是人，人的动态、开放性以及非理性因素是设计目标不明确的根源。就像医生如果不能确诊病人到底是什么病，就不敢乱开处方。现在的设计师遇到了同样的尴尬，如果他们不知道目标用户是谁、在哪里以及需要什么，设计就无所适从。量化的市场调研只能得到客观的、理性的统计学结论，但不能告诉设计师用户的价值、情感、意义等感性的信息。这也是设计方法论的一个主要难点，即如何了解用户需求。

②内因系统的全相关性：如果改变内因系统中的任何一个元素，其他元素必然会相应地改变。

③内外关系的关联互动性：外因与内因之间是一种非线性关系，不能说谁是变量而谁是常量，内部因素与外部因素之间存在着动态变化和多维发展的关系。

设计面对的就是这样的一个关系系统，元素间的关系有千万种，复杂性就蕴含在外因的不确定性、内因的全相关性与内外系统的关联互动之中。

1.9.5　事理学方法论构建目标系统

　　设计被理解为：以系统的方法，以合理的使用需求、健康的消费，以启发人人参与的主动行为，来创造新的生存方式或文化。只要是有需求，设计就会集社会、科技等系统的资源，探寻一种解决问题的方法，这也是"事"——设计的过程，最后得到"物"——设计的结果(图1-9-4)。

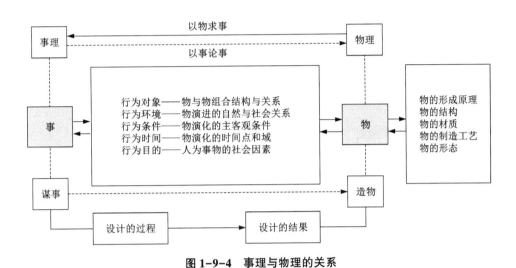

图 1-9-4　事理与物理的关系

　　事理学方法论是通过对"事"的分析，得出它的"理"然后描述这个事理的原因，再将其"理"应用到实践中，并通过对目标系统的评价，成就"事"的"愿"，创设新的"理"，在循环而系统的"行动反思"中创造新的方法论(图1-9-5)。

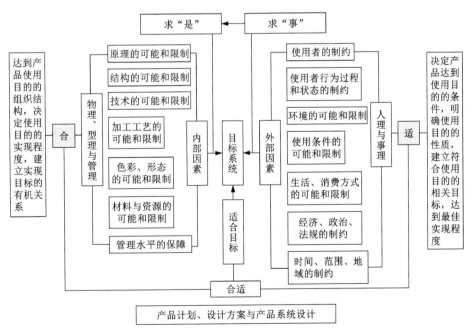

图 1-9-5　目标系统

帕斯卡尔说，"所有的事物都既是结果又是原因，既是受到作用者又是施加作用者，既是通过中介而存在的又是直接存在的。不认识整体就不可能认识部分，同样的，不认识各个部分也不可能认识整体"，我们将设计问题归纳为外因(人、时、地、事)与内因(技术、材料、工艺)等共同作用下的一个关联性系统(目标系统)。

当代的设计观念正从设计"物"转向设计"事"。"事"是一个"关系场"，特定的人在特定的时间、空间内与物或他人发生着"行为互动"与"信息交换"，从而实现着目的、情感与价值等意义丛。因此，在设计创造"物"应该如何的时候，就应该把物放在特定的关系场中去考察。事是物存在合理性的关系脉络，事是物的外部因素的具体表现，事理即外部因素的规律。我们应该沿着"实事求是"的思路开始设计，目的则是要合乎事理。我们不该狭隘地把设计仅仅理解为造物活动，更深层次地理解设计活动就会发现，设计其实是在叙事、抒情、讲理，是在创造新的生活方式。

1.9.6 事理学方法论研究之"出行方式"的演变

出行，指外出旅行、观光游览，或者车辆、行人从出发地向目的地移动的交通行为，语出《史记·天官书》："其出行十八舍二百四十日而入。"

设计的本质反映在人们寻求最适当的方式来处理源自生活中产生的特定需求。"出行方式"的起源和演进最终都是因主观的或客观的限制与调整而归结到一种适当的形式而存在，因此，内外因素的变化导致交通工具的产生。我们应有意识地侧重探索它的生产条件和限制，认识其深层次的需求对于设计结果的影响。交通工具作为综合因素下的恰当形式，是"物顺事理"的必然，也是"人为事因"的结果。

1. "出行方式"的"源"与"元"

人类的生活离不开衣食住行，行(出行、运输)——交通，作为人们一种必需的生活方式而存在和发展。在此基础上的发明创造，既体现着自然的规律，也蕴含着人类设计思维中的奇思妙想。交通工具是人类肢体的延伸，它把人类从蹒跚而行中解放出来。一匹马与一辆车的历史，不仅仅是一段运输方式的历史，更是人类增进交流、文明进步的历史。

人们为了走得更快、行得更远、负载更重、更加舒适安全而进行了不懈的努力。今天历史上看似必然的存在，实际上都是综合了天时、地利、人和，隐含了祖先无数的创造智慧和艰辛(图1-9-6)。

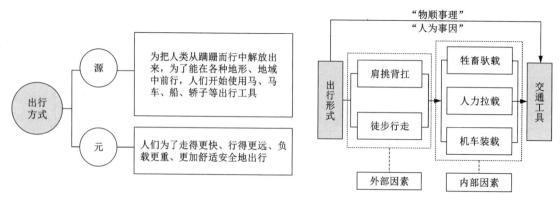

图1-9-6 "出行方式"的"源"与"元"

2."出行方式"的流变

中国设计文化的演化源于中华民族历史发展的结果。七千年聚散分合的转变，导致了文化思想的多元化统一格局。儒学、道家、佛教、皇权、科举、百姓等，有着从人生观到方法论的不同层面的精神选择和价值取向。社会、科技、文化的相互影响构成了"出行方式"演变的前提。

中国式的"出行方式"从最开始的用牲畜代步到如今的现代化交通工具，反映了人类需求的不断提升，"出行方式"与人类的交通工具有关，也与人类的最基本生活有关。"出行方式"的演变体现了人类科技的进步，反映了人类生活质量的提高（表1-9-1）。

表1-9-1 中国"出行方式"演变表

人力时代				机械时代			
原始社会末期	春秋时期	先秦到两晋	19世纪	清朝同治七年（1868年）	清朝光绪二十七年（1901年）	清朝末期	20世纪初
最早的船是竹筏、木筏和独木舟。唐宋时期是中国造船史上的黄金期，船主要用于军事和游玩	马是古代最快捷的交通工具，使用非常普遍。春秋时期，马匹主要用在战争和交通上	初期只供帝王和官员乘坐。宋代轿子开始普及	人力车19世纪传入中国，当时拉人力车的是贫苦百姓，一般为达官贵人乘用	清同治七年（1868年）十一月，上海首次由欧洲运来几辆自行车	1901年，慈禧太后生日庆典上，袁世凯呈献的一辆"洋贡品"汽车为第一辆进口中国的汽车	19世纪末期到20世纪初期出现在中国，当时清政府的保守派对这种新生事物极其抵制	最早出现是由于军事的需要，后面才逐渐成为长途的运输工具

原始文明→手工化→机械化→电气化→电脑化→信息知识化

少量、地域化、个体化→大批量、共性化、标准化→多种类、多用途、需求细分→创造新的生存方式

人是第一生产力→技术是第一生产力→系统综合的科学方法，使知识信息成为最活跃的生产力

培根关于演变过程的规律及认识中，有一段话很有启示作用："在物体的全部生成和转化当中，我们必须探究什么失去了和什么跑掉了，什么保留下来，什么加上去；什么扩张了，什么缩减了；什么合起来，什么分离开；什么继续着，什么割断了；什么是推动的，什么是阻碍的；什么占优势，什么退下去，以及其他各种各样的细节。"

3."出行方式"的事理关系

中国古代设计思维方式遵循"天时、地利、人和、物宜、工巧"，蕴含着整体的认知结构模式、联系的思维方式模式、和谐的价值结构模式（图1-9-7）。

以事理学为基础，对"出行方式"的不同的发展阶段分别进行"事"和"物"的分析，如表1-9-2、表1-9-3所示。

从物理到事理的角度，分别对出行方式的水上交通工具船、陆地交通工具汽车、空中交通工具飞机进行事理和内外因素的分析，如表1-9-4、表1-9-5、表1-9-6所示。

通过对以上三个案例的"事理"和"物理"的研究分析，可知由于"出行方式"到"交通工具"的外部因素与内部因素的不同，它们组成了不同的目标系统，定位出不同的设计物（表1-9-7）。

通过出行方式的转化和交通工具的生成，我们得知虽然交通工具发生了改变，但人们对于出行快捷、舒适，运输迅速、方便，以及个性化的需求没有改变，交通方式的选择组合成一种更深层次的生活与工作概念。当人们快捷、安全、舒适、合理的交通需求冲击着交通工具的生产工艺、材料乃

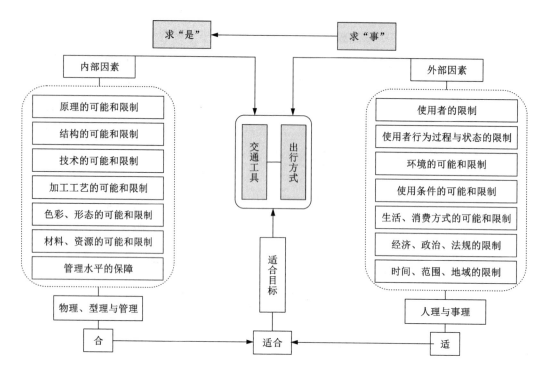

图 1-9-7 "出行方式"的事理关系

表 1-9-2 人力时代: "出行方式—交通工具"的"事—物"分析

出行方式 —交通工具		人力时代			
	人为事物				
事理	自然环境	陆地, 天气无影响	水上交通, 受天气影响	陆地, 受天气影响	陆地, 受天气影响
	时代背景	春秋时期, 马匹主要用在战争和交通上	唐宋时期是中国造船史上的黄金期, 船主要用于军事和游玩	初期只供帝王和官员乘坐。宋代轿子开始普及	19世纪传入中国, 一般为达官贵人乘用
	使用者	战士、游人、贵族	战士、出游人	贵族、富贵家族	达官贵人
	使用条件	战事连连、交通不便, 距离远有驿站, 会骑马	需要会划船, 无恶劣天气	人力, 距离短, 无恶劣天气	人力, 距离短, 无恶劣天气
物理	材料	马, 干草	早期主要为木质, 后有用铝铁	布、木	布、铁
	工艺及技术	马掌, 马鞍的制作	榫卯结构, 焊接	榫卯结构, 焊接	焊接
	形态	无限制	流线型、平头型、斜直线型	类似盒子四方状	两轮车

至设计风格时, 更新的不仅是新生的功能载体, 而且是观念、评价、标准、方法、知识、信息等整个系统的再整合。新的组合得到许多意想不到的形式效果, 反过来又极大地刺激了新一轮革新演进。未来工业设计将与整个社会系统的演进步调一致, 今后科技的进步、社会的变革、价值观和生活方式的更新, 都将决定其发展趋势(表 1-9-8)。

表 1-9-3　机械时代："出行方式—交通工具"的"事—物"分析

		机械时代			
出行方式—交通工具	人为事物				
事理	自然环境	陆地，受天气影响	陆地交通，无天气影响	陆地，无天气影响	空中，受天气影响
	时代背景	清同治七年（1868年）十一月，上海首次由欧洲运来几辆自行车	1901年，慈禧太后生日，袁世凯呈献的一辆"洋贡品"汽车为第一辆进口中国的汽车	19世纪末期到20世纪初期出现在中国，当时清政府的保守派对这种新生事物极其抵制	最早出现是由于军事的需要，后面才逐渐成为长途的运输工具
	使用者	由富贵家庭到平民	由富贵家庭到平民	无限制	无限制
	使用条件	距离短，无恶劣天气	有燃油，设施完备	有轨道	有燃料，无恶劣天气
物理	材料	铁、铝合金、皮质	铁铝、橡胶、皮质	铁铝、橡胶、皮质	铁铝、皮质
	工艺及技术	焊接、组装	焊接、优化热理淬火工艺	焊接、优化热理淬火工艺	焊接、优化热理淬火工艺
	形态	无限制	流线型、T字形、甲壳虫型……	类似盒子四方状	流线型

表 1-9-4　船的内外因分析

 案例一 船的内外因分析 （水上交通工具）	外部因素	自然环境	水上交通，受天气影响	原理	浮力定律：作用于水中物体上的浮力的大小等于物体排开水的重力
		时代背景	在中国，商代已造出有舱的木板船；汉代的造船还有锚、舵；唐代，发明了利用车轮划行的车船；宋代，船普遍使用罗盘针，并有了避免触礁沉没的隔水舱	内部因素	榫卯结构，焊接；船开始依赖人工划桨，既而有风帆及橹，橹是由长桨演变而来的，是另一种用人力推进船只的工具，也是控制船舶航向的工具
		使用者	战士、出游人	材料	钢铁、木质、合金、玻璃纤维
		使用条件	需要会划船，无恶劣天气	形态	流线型、平头型、斜直线型

表 1-9-5　汽车的内外因分析

 案例二 汽车的内外因分析 （陆地交通工具）	外部因素	自然环境	陆地交通，不受天气影响	原理	汽车的行驶原理主要是由发动机驱动
		时代背景	1901年，慈禧太后生日，袁世凯呈献的一辆"洋贡品"汽车为第一辆进口中国的汽车	内部因素	汽车工艺主要分为汽车车身、内饰、零件制造工艺和汽车装配工艺焊接、优化热理淬火工艺
		使用者	由富贵家庭到平民	材料	铁铝、橡胶、皮质
		使用条件	有燃油，设施完备	形态	流线型、T字形、甲壳虫型……

表1-9-6　飞机的内外因分析

案例三 飞机的内外因分析 （空中交通工具）	外部因素	自然环境	空中，受天气影响	内部因素	原理	飞机机翼是产生升力的重要部分，根据勃努利定理，机翼运动时，翼上下面由于压差不同，产生向上的推力，这推力随机翼与来流的攻角变化而变化
		时代背景	最早出现是由于军事的需要，后面才逐渐成为长途的运输工具；中国的飞机制造业起步于20世纪50年代		工艺及技术	飞机制造工艺：必须采用特殊的互换协调的方法。装配工艺主要是焊接、优化热处理淬火工艺。零件工艺主要是热处理和表面处理
		使用者	无限制		材料	钢、铁铝、合金、玻璃纤维
		使用条件	有燃料，受天气影响		形态	流线型

表1-9-7　"出行方式"的内外因素分析归纳

"出行方式—交通工具"：人力时代—机械时代演变内外因分析		
外部因素	自然环境	陆路、水路和空中航行的区别；地域特点的区别
	时代背景	早期社会简单出行、远行及征服的目的；封建社会及资本主义社会交流与掠夺的背景；现代社会观念的转化
	使用者	使用者的身份、地位、目的的区别；交流行为方法方式的区别等
	使用条件	自然条件、天气条件以及人力所能控制的范围等
内部因素	材料	从最初期的天然材料到木质、青铜、铁质再到现代的合成材料；材料的运用与使用目的的结合
	工艺及技术	早期的工艺以榫卯结构偏多，后演变为焊接、模具成型等新技术
	形态	早期形态多受天然材料和工艺技术的限制；技术的进步也带来了形态上的变化；从最开始的船—轿子—人力车—自行车—汽车—火车—飞机，它们都因材料、工艺和技术的进步，在原有的形态上发生了改进

表1-9-8　"出行方式"的演变及设计因素分析归纳表

"出行方式"的演变及设计因素分析归纳	
使用载体	人、马、马车、轿子、舟船、自行车、电动车、地铁、火车、飞机
使用环境	平地、山路、野外、铁轨、隧道、飞机跑道
制造工艺	采伐→锯削→木料组织、冲压→焊接→涂装→总装
材料	木→铁→橡胶→铝合金
使用者	君王权贵→百姓，征战→民用，农工商军旅，由少到多而普及
使用目的	出行、征战、运输、地位象征、安全、环保、迅捷
动力	畜力→人力→风力→蒸汽→燃油→电力→磁力→核动力→氢能→太阳能

4.“出行方式”的事理模型

通过详细、具体的分析构建目标系统，为以后的设计行为，类似人工物的设计开发提供了一个参照系，有助于合理利用资源进行针对性设计，并持续评估是否适合目标系统，获得更加合理且科学的结果，最终完成从“实事”到“求是”的过程(图1-9-8)。

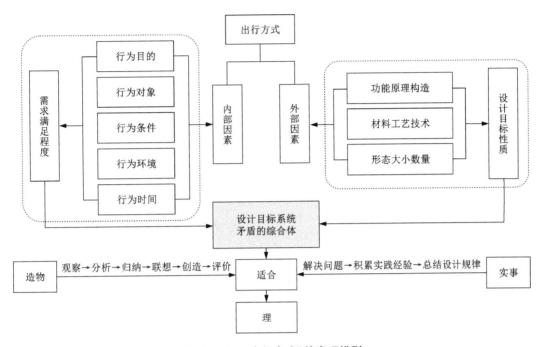

图 1-9-8 "出行方式"的事理模型

“事”是一个“关系场”，特定的人在特定的时间、空间与物或他人发生“行为互动”与“信息交换”，从而实现目的、情感与价值等意义丛。因此，在设计创造“物”时，应该把物放在特定的关系场中去考察。事是物存在合理性的关系脉络，事是物的外部因素的具体表现。我们应该沿着“实事求是”的思路开始设计，目的则是要合乎事之情理。

事理学的设计方法论的本质是重组知识结构、重组资源，这也是创新的本质。工业设计是工业时代一切设计活动的观念、方法和评价思路，设计的对象可以是“物”，也可以是“事”。工业设计的目的是为人类创造更合理、更健康的生存方式，思考、研究的起点是从“事”——生活中观察、发现问题，进而分析、归纳、判断问题的本质，以提出系统解决问题的概念、方案、方法及组织、管理机制的方案。

思考与练习

运用“事理学”方法选择一类人工物，按它的起源、发展，收集它各个时期的形态，运用内部因素和外部因素的关系，分析它出现的成因，并对其发展趋势进行预测。

课外阅读与思考

阅读柳冠中《中国古代设计：事理学系列研究》一书，运用思维导图工具梳理读书内容并写读书心得。

第二章
产品设计程序

◇ **本章要点**：产品改良设计、新产品开发设计、品牌形象设计、创新产品设计、可持续设计、交互设计、服务设计的概念及设计程序。

◇ **学习重点**：掌握产品设计的一般程序、方法以及设计工具。

◇ **学习难点**：学会灵活运用设计程序，在设计过程中选择合适的设计工具。

章节内容思维导图

第二章
产品设计程序

2.1　产品改良设计程序
- 2.1.1　产品改良设计
- 2.1.2　产品改良设计的程序

2.2　新产品开发设计程序
- 2.2.1　设计开发的浪潮
- 2.2.2　新产品开发设计的流程和方法
- 2.2.3　新产品开发设计实践

2.3　产品品牌形象设计程序
- 2.3.1　产品形象的概念及构成
- 2.3.2　产品形象设计的原则
- 2.3.3　产品形象设计的方法和流程

2.4　创新产品设计程序
- 2.4.1　制造新鲜事物
- 2.4.2　创新产品设计流程和方法
- 2.4.3　创新产品设计实践

2.5　可持续设计程序
- 2.5.1　可持续设计
- 2.5.2　可持续设计的方法和工具
- 2.5.3　可持续设计的流程
- 2.5.4　可持续设计实践

2.6　交互设计程序
- 2.6.1　追求自然的交互
- 2.6.2　交互设计的流程和工具
- 2.6.3　交互设计实践

2.7　服务设计程序
- 2.7.1　新时代的来临
- 2.7.2　服务设计的流程和工具
- 2.7.3　服务设计实践

2.1　产品改良设计程序

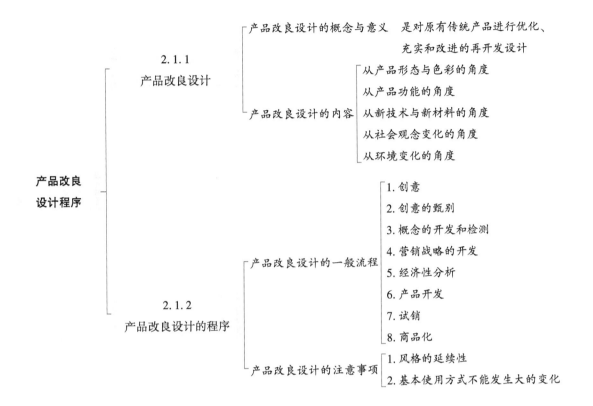

2.1.1　产品改良设计

1.产品改良设计的概念与意义

产品改良设计是对原有传统产品进行优化、充实和改进的再开发设计。因此产品改良设计就要以考察、分析与认识现有产品的基础平台为出发点，对产品的缺点以及优点进行客观的、全面的分析判断，对产品过去、现在与将来的使用环境与条件进行分类研究。

为了使这一分析判断过程更具有清晰的条理性，通常采用一种"产品部位部件功能效果分析"设计方法。先将产品整体分解，然后对各个部位或零件分别进行测绘分析，在局部分析认识的基础上再进行整体的系统分析。由于每一个产品的形成都与特定的时间、环境以及使用者和使用方式等条件因素有关，所以作系统分析时要将上述因素一并予以考虑。设计者应力图从中找出现有产品的优缺点，以及它们存在的合理性与不合理性、偶然性与必然性。在完成上述工作之后，要建立起对现有产品局部零件、整体功能还有使用环境等因素的系统全面的认识，从而在接下来的设计工作中注意如何扬长避短，如何创新发展，如何将前期研究分析的成果应用到下一步的新产品设计开发中去。

产品改良设计是针对人潜在需求的设计，是创新设计的重要组成部分，同样是工业设计师研究的重要课题。改良设计是产品设计中的一个大门类，于开发性设计而言，其市场风险较低，每一次的创新都是在前代产品的基础上进行设计，继承前代产品优良品质与品牌形象。对于企业来说，改良设计是十分有利的，并且改良产品与前代产品具有衔接性，可以继承前代产品的售后服务，回收利用换代产品的配件，避免造成浪费，符合绿色设计的理念。

2.产品改良设计的内容

产品改良设计是在前代产品的基础上进行的升级活动，因此设计要从产品自身出发寻找可以提高档次的设计因素，如外观、材质、功能、颜色等，无论从哪个方面入手，都需严密地调研分析，而不是单凭想象得来。产品改良设计根据内容的不同又可以细分为产品功能改良设计、产品性能改良设计、产品人机工程学改良设计、产品形态和色彩改良设计等(图2-1-1)。

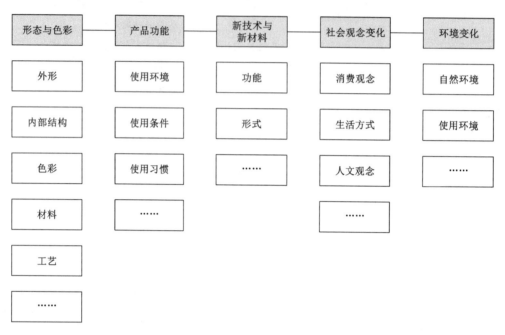

图 2-1-1 产品改良设计的内容

(1)从产品形态与色彩的角度

产品的形态与色彩是最直接与消费者交流的产品语义之一，所以对产品的形态与色彩再次开发是改良设计中最常见的方式。

产品的形态与产品造型不同，造型指的是产品的外部表现形式，即外形，而形态既是外形也是内部结构的表现形式。产品一般给人传递两种信息——理性信息与感性信息。理性信息指产品的功能、材料、工艺等，是产品存在的基础。感性信息指产品的造型、色彩、使用方式等。好的产品的主要任务是解决用户的问题，产品形态的改良设计正是以此为基础展开，不断地对前代产品的技术、材料、工艺等进行更新和优化，使其更好地向用户传递信息。

产品的色彩改良要符合时代。不同的时代有着不同的审美观与价值观，大众对于色彩的喜好也在不断地发生变化，因此，设计师不仅要掌握色彩的基本特性，更应该对流行色有着敏锐的嗅觉与观察力。在进行产品改良设计时，要密切关注流行色这一因素，对前代产品的色彩改良给予更多的投入。

(2)从产品功能的角度

对于用户来说，购买产品从本质上来说就是购买产品的使用功能，用户在享受功能时体现出产品自身的价值。由于社会的快速发展，用户的需求在不断地变化，而需求层次也在不断提高，这就意味着产品的功能要不断地进行创新与完善来满足需求，因此，产品功能层面上的改良是十分重要的。

产品的功能改良也从前代产品出发，对前代产品在优缺点两个方面进行客观、全面、细致的分析与评判。除此之外，还要对产品之前和现在的使用环境与条件进行区别分析。要对产品的使用者行为习惯和使用条件进行研究分析，发现设计点。在进行功能改良设计时，要注意扬长避短。产品改良设计是对人潜在需求的探索与设计，是创新设计的重要组成部分。

（3）从新技术与新材料的角度

新技术与新材料可以很好地帮助设计师进行产品的优化升级活动，更好地改进产品的功能与形式，使原来实现不了的功能变为现实，更好地满足消费者需求。例如液晶技术的成熟促使计算机的改良设计向更便携、小巧的方向发展；人工智能使服务设计、用户体验设计迅速发展，轻松解决了许多实物产品解决不了的问题，设计师的思维更加开阔，用户的需求也得到了满足。

（4）从社会观念变化的角度

时代的进步带动社会观念的迅速发展，人们的消费观念也随之改变。例如，随着外卖平台的发展和骑手服务的精细化运作，外卖点餐已经逐渐成为现代都市人群满足餐饮需求的主要形式之一。随着城市化进程的加快，人们开始崇尚回归自然的生活方式，休闲农业、旅游农业以及体验农业等多种农业活动经营项目也随之迅速发展起来。由此可见，人们的观念变化对社会发展以及设计领域有着重要的影响，产品的改良设计也应从变化的观念中找准设计点，使产品适应社会发展。

（5）从环境变化的角度

环境包含两方面：自然环境和产品使用环境。从自然环境的角度来说，环境污染、资源过度开发导致我们的生存环境越来越差，在进行改良设计时应将自然环境纳入设计考虑范畴，改良后的产品与前代产品相比要能够减少对环境的污染，甚至做到保护或修复环境。例如，清洁能源汽车相比普通燃烧汽油的汽车而言，减少了对环境的破坏。从产品的使用环境来说，产品应随着使用环境的变化进行改良。例如，城市空间不足，出行寻找停车位逐渐成为一个难题，小型车的开发逐渐受到大众的青睐。这些环境因素都可以为改良设计提供机遇。

设计师在进行产品改良设计时应对产品的需求展开分析，了解现有产品与消费者的需求以及潜在需求之间的差异，做大量的调查研究工作，这样才能保证改良产品较前代产品优化且升级。

2.1.2　产品改良设计的程序

1.产品改良设计的一般流程

产品改良设计的一般流程（图2-1-2）：创意、创意的甄别、概念的开发和检测、营销战略的开发、经济性分析、产品开发、试销、商品化8个阶段。

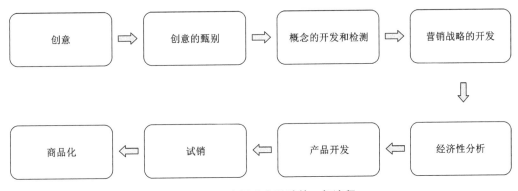

图2-1-2　产品改良设计的一般流程

（1）创意

新产品的开发首先从收集意见开始。设计师的意见一般都是从企业原有产品的延长线上获得，这样的意见虽然安全但缺乏独创性、创新性。因此，在向公司范围内广泛征求意见的同时，也应要求产品开发部门要有灵活性。作为市场调查的方法，焦点访谈、集体调查、消费者调查是创意的基础。此外，在创意征集过程中可以更多地向公司内不同部门的员工进行多方位的调研，集思广益好的开发方案。

（2）创意的甄别

甄别创意的目的主要有以下两点：①排除即便能够投放市场但不能创造效益的创意；②选择有前途的创意，为下一项产品的概念开发做好准备。与①有关的须加以认真核查的项目，不仅要考虑产品的基本功能与性能，还要考虑消费者使用该产品期间及使用后是否给环境造成坏的影响，还要注意废物再生利用的可能性、社会伦理的影响等。

（3）概念的开发和检测

在这个阶段要决定商品概念的内容，即"凭什么买这个商品"。要注意新产品应该如何适应消费者生活方式的变化以及如何满足消费者的利益要求。

（4）营销战略的开发

在该阶段要做各种各样的调查，根据调查结果来分析预投放产品的市场情况，预测出未来市场的产品大小、构造、地位、销售目标、利润及市场占有率等，制定出综合销售的战略。

（5）经济性分析

这个阶段涉及的是项目计划，有时与上述第（4）阶段营销战略的开发在同一阶段进行。第（4）阶段终了之后，便进入计划测定阶段，即要进行关于企业投入的经营资源（人、物、钱、情报）的事业分析。其可分为短期和长期的经济性分析，并算出各种投资利益指标。在这个阶段进行公司内部审批，大多会作为经营方针而正式进入下一项，即产品开发。

（6）产品开发

一般来说，首先做出产品的基本性能说明书，并做出一个模型或样品，经技术部门、实验室、研究所等检测、评估、推敲之后再适量地生产一些试制品。在确定产品标准之前的试制品的生产制造过程中，试制错误要花费好多时间和费用，但同时也会因此而产生许多技术和生产方面的新见解，这些新见解多被作为企业的技术情报而积蓄下来。

（7）试销

新产品是否适合市场，第（4）阶段所制定的市场营销战略是否行得通，需要先在一定的地域内进行试销，细致地分析试销结果，然后将结论反馈回产品开发阶段，对市场营销计划加以必要的修正后，最终完成产品投放市场的营销计划。

（8）商品化

这是产品的销售阶段。在这个阶段，生产设备、人员、销售途径等人力物力资源的投入已被确定，组织的运营管理变得重要。要正确地把握产品投放市场后，来自各方面的反应，灵活机敏地修正设计、生产单价、贩卖价格、质量管理、库存必要量等，实施合理的促销措施，确保新产品的市场优势。

2. 产品改良设计的注意事项

由于改良设计是在前代产品的基础上进行的优化设计，所以在进行改良设计时要考虑到产品品牌、销售渠道和消费者对产品认知的沿用性，需注意以下两点。

（1）风格的延续性

由于原产品在市场上已经有了一定的消费群体和销售渠道，消费者对该品牌具有一定的认知，所以为保留这部分消费者以及销售渠道，改良设计要在设计风格上沿用和继承前代产品的风格，形成风格的延续。

（2）基本使用方式不能发生大的变化

消费者已经适应了前代产品的使用方式，如果突然改变这一习惯，会使消费者不适，从而流失消费人群，影响改良后产品的市场占有率，对品牌造成损失。因此做改良设计时，要做足充分的调研，对使用者已经习惯的操作方式进行保留，对新的使用方式的应用采取逐步更新的设计策略。

2.2 新产品开发设计程序

2.2.1 设计开发的浪潮

在《日刊工业新闻》中曾经有这样一段表述："现在已经进入了一个产品充满市场的时代，社会的需求体现了文化性和人性化的状况。所以在追求商品开发和环境创造的过程中，产业界必须从重视功能性和生产性的产品开发姿态中转变过来，要站在使用者一方的立场，根据他们的需求，用新技术来进行设计，这将成为一个不争的事实。"经济全球化使国际市场竞争更加激烈，因此新产品的开发与创新就显得至关重要。

近年来，随着人们生活方式的转变和价值观念的更新，新产品开发的理念亦发生着巨大的变化。新一代消费者的消费态度、消费行为、消费观念相较于之前有了很大的变化，所以在新产品开发之际，必须充分考虑人的因素。新产品开发设计的作用，不仅在于内部产品的扩展和外部形象的提升，更涉及用户行为意识和操作环境的改善。

新产品开发设计程序和其他相关设计程序一样，是一系列的决策过程而非一个结果。新产品是指不同于市面上或者以往既有产品的产品，开发包括研究选择社会背景、市场需求、产品设计、工艺制造设计、投放生产、产品回收等一系列的决策过程。从广义上看，新产品的开发有两种情况，第一种就是研发全新的前所未有的产品，第二种情况就是在原有产品基础上作出革新。换言之，产品只有在功能或形态上与原产品产生差异甚至颠覆了原有的形象，并且满足了一部分用户的新需求，才能算是开发了新产品。显然，在企业的核心竞争力中，新产品开发是企业研究与开发的重点内容，更是企业生存和发展的战略核心之一。

美国联邦贸易委员会对新产品所下的定义是：所谓新产品，必须是完全新的，或者是功能方面有重大或实质性变化，并且一个产品只在一个有限时间里可以称为新产品，被称为新产品的时间最长为6个月。我国国家统计局对新产品所作的规定是：新产品必须是利用本国或外国的设计进行试制或生产的工业产品。新产品的结构、性能或化学成分比老产品优越，就全国范围来说，是指我国第一次试制成功了的新产品；就一个部门、地区或企业来说，是指本部门、本地区或本企业第一次试制成功的新产品。

从市场的角度来看，企业进行产品设计开发的形式有三类。

（1）全新的产品设计开发

全新的产品开发定位于新的市场，开发前所未有的产品，是依据新技术、新工具、新发明开发的产品，例如华为的VR Glass产品。

（2）产品新用途开发

产品新用途开发是指在原有市场基础上扩大产品的应用范围和领域，如将工业化产品家用化，或者将不同功能整合到某一特定产品上。例如小米手环5(版)除了基本的运动监测、心率睡眠状态监测等功能，还逐渐开发了全新的女性健康、智能助理、家居控制等功能。

（3）现有产品的改良

现有产品改良需要细分市场，细分市场是指对较为成熟的产品进行品质、性能、样式等方面的改良，满足人群的个性化需求，从而使原有市场细分。面对日益激烈的市场竞争，新产品开发必须有针对性地展开，或针对市场，或针对技术，或两者并行。例如，洗衣机开合方式及基本功能的改良，如Slip Wash滑盖式洗衣机，这款洗衣机不仅在掀盖开门方式上做出了从掀盖到滑盖的改变，而且在造型设计上在洗衣机底部预留了使用者的活动空间，让行动不便者拿取衣物时能更靠近洗衣机机身；同时，滑盖门与显示面板相结合，能清晰地展现洗衣机工作状态。

开发新产品，选择合适的开发方式很重要。一般来说新产品开发的基本方式有四种，分别是独创方式、引进方式、结合方式和改进方式。从长远考虑，独创方式下，企业自行设计、研制新产品有利于最终形成企业的技术优势，让企业拥有核心竞争力。从成本考虑，引进方式能大大降低研制所需的经费成本及时间成本，能快速缩短与其他企业的差距。从实际考虑，结合方式是比较适用的一种方式，但是要注意把握引进与独创的"度"，让两者达到平衡以实现最优的配置。从风险考虑，改进方式能够有效地规避风险，企业可以利用现有设备和技术力量，开发费用低、风险小、成功概率大，但是同样应该看到若长期采用改进方式开发新产品，会影响企业的发展速度。

2.2.2 新产品开发设计的流程和方法

1. 新产品开发设计的流程

新产品开发设计程序(图 2-2-1)指以开拓新产品市场、开发新技术为主的产品设计程序。这类程序通常在前期的调研、分析及决策阶段投入大量的时间、成本、精力,而在后期的产品提案、商品化阶段投入相对较少的时间、成本、精力。

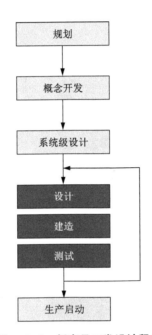

图 2-2-1 新产品开发设计程序

从宏观层面看设计程序,主要分为三大阶段:规划、调查、确定方针阶段;开发、设计展开阶段;决定、实施投产和投放市场阶段。而微观层面则是对以上三个阶段的进一步分解。

(1)设计新产品开发的框架阶段

这一阶段属于设计开发的准备阶段,通常围绕新的产品开发方案进行,依靠设计促使研发部门加大开发力度,形成不断完善的开发计划。开发计划通常包括新产品的定位、产品的特征、产品开发预算和开发的周期等,其中依照市场调查及其结果设定产品定位的因素是需要被重视的。与以往不同的是,设计师参与了市场部、技术部、企划部等相关部门的工作,并成为整个产品开发的核心。

从市场和终端客户开始调研,市场的趋势走向和终端客户的需求是首先要明确的内容。在开发的前期,可能会面对大量的数据,如何快速地找到对新产品开发有帮助的数据并对这些数据进行处理必须引起重视。

(2)产品企划、理念立案阶段

产品企划是基于经营方针的开发主题,利用集体思考、问卷调查、框架图分析定位法、观察法等进行市场调研,目的是发现用户需求,把握关联市场的发展趋势。根据市场分析的结果,进入产品企划阶段,所谓企划,是指规划产品的用途、性能、功能、式样、生产量、生产方式、流通渠道等决定产品化条件的因素。对于新产品开发,必须考虑决定新产品功能、造型的主要因素,因为这些因素与用户需求息息相关。产品概念的立案基于设计部门、工程部门、技术部门的相互合作。在立案过程中会出现各种各样的技术问题,因此应预先知道实现构想的技术问题。

（3）设计阶段

在设计阶段,造型、功能、结构、人机工程学、色彩都需要予以综合考虑。在考虑每个因素之前,应先综合考虑产品的使用者、使用环境、使用方式以及产品企划提案的产品概念,围绕用户需求来建构合适的产品具体形象。例如,出于对造型因素的考虑,在进行设计分析时,可以从外在、中间、内在层面对产品内涵语义进行分析(图2-2-2),进而为设计活动提供参考,启发新的设计思路。

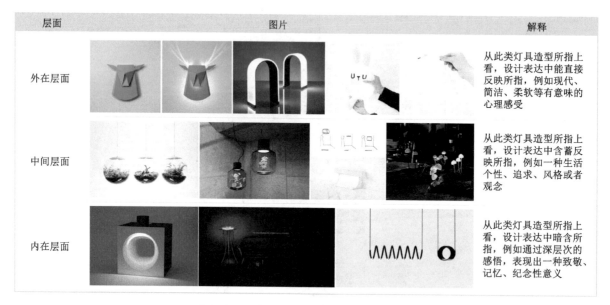

层面	图片	解释
外在层面		从此类灯具造型所指上看,设计表达中能直接反映所指,例如现代、简洁、柔软等有意味的心理感受
中间层面		从此类灯具造型所指上看,设计表达中含蓄反映所指,例如一种生活个性、追求、风格或者观念
内在层面		从此类灯具造型所指上看,设计表达中暗含所指,例如通过深层次的感悟,表现出一种致敬、记忆、纪念性意义

图2-2-2　灯具产品内涵语义的三个层面

（4）设计决策阶段

设计阶段是以设计师为中心推进的,到设计决策阶段,被结构化了的设计需要接受来自各协作部门的评价,评价顺序、评价模型都需要整理汇总。单纯的对外形因素的评价是不够的,除了质感、触感、操作等外部方面之外,还需要对内部结构等生产阶段技术问题进行统筹分析和评价,一般需要使用精密模型。在设计决策阶段,在进行设计评价的同时,也要对商品化作业进行探讨。

（5）向生产过渡阶段

向生产过渡阶段包括制作产品的模具以及实施产品化的最终检查,包括对适合设计的制造方法、表面处理、组合方法等在生产技术、成本方面的探讨。制作模型是设计形象转换到产品形象的重要手段,各个阶段的模型既可以明确结构和功能上的问题,也可以顺利过渡到生产阶段。设计师和模型制作者共同工作,完成等比例尺寸模型,以从模型中读取的数值作为结构设计的数据或者作为模具加工数据的来源。

（6）流通销售阶段

在设计决策、生产阶段之后,来到流通销售阶段。产品企划和设计开发的过程是基于用户的需求的,如果产品的特征没有很好地传达给消费者,消费者就无法理解新产品的优点。因此,流通销售阶段,对于产品概念的有效传达、产品用户的精确定位、展示包装的宣传等都会影响到前期的工作结果。例如家用洗衣机,实时监测衣物状态成为重要影响因素,在制作媒体广告时应突出这一点，让观众一目了然。三星 WW9000 智能洗衣机的平面广告要突出强调可以通过移动应用程序远程控制洗衣机并且可以随时随地关注衣物，因此这款洗衣机的广告设计运用了瞳孔元素，传达出产品最有特色的卖点。

2. 新产品开发设计的方法

(1) 产品调研

产品调研是指对市场上现有产品进行调查和分析，包括产品本身的各项参数、功能、结构、工艺、技术、成本，也包括产品消费群体、企业经营理念、产品品牌形象等。例如为开发一款老年人娱乐电子产品而进行的产品调研，可以围绕电视机、收音机、摄像机、手机、音箱、游戏机、智能手环、平板电脑等产品展开，从而确立设计项目。

(2) 市场调研

市场调研是指对产品的销售区域、产品与环境的关系进行的调查分析，主要从经济、社会、文化、地理、市场等方面进行综合分析。市场调研的目的是获得有价值的市场信息，从而有效避免产品的重复开发，为企业设计出符合市场需求的真正具有竞争力的产品。

(3) 社会调研

社会调研是指从社会因素各方面进行调查和分析，围绕用户对消费市场、消费理念、消费动机、消费方式、消费习惯等方面进行调查。例如我国的传统节日和西方国家的传统节日，会面临具有不同消费习惯、观念、动机的消费群体，这也是社会调研的一部分。

(4) 模糊综合评价法

模糊综合评价法是对受多个因素影响的事物做出全面的、有效的综合评价。模糊综合评价法的基础是确定评价参数以及各参数的权重因子大小。有时评价指标过多，于是在设计评价体系构建时往往很难用定量分析完成，取而代之的是以"很好""好""一般""差""很差"等模糊方案来评价，将评价中的模糊信息数值化，进而进行定量评价。

(5) 专家评价法

专家评价法是基于一组有关专家的知识、经验和主观判断能力，根据评价内容、目的、程序、标准对某一评价对象提取最一致的信息，并形成专家的群决策意见。专家评价法主要包括专家咨询法、规范评分法、加权平均法和调整表法。

2.2.3　新产品开发设计实践

日本日立中央研究所的设计程序介绍。

日本日立中央研究所是日本日立公司最主要的研发中心，由小平浪平设立。自成立起，日立中央研究所一直承担着日立公司的生产技术、设备研发与信息搜集等主要的任务。目前，研究所由信息系统研究所、大规模集成电路解决研究所、储存技术研究所、生命科学研究所等几个组织部门构成，是保证日立产品质量的关键。

日立已连续多届出展在上海举办的中国国际工业博览会，在第 22 届中国国际工业博览会上，日立整合在中国智能产业方面所开展的业务，展出了基于所提供的覆盖产业全价值链的智能产品及解决方案。

日立集团的核心价值观体系（图 2-2-3），为实现该理念历尽艰辛精心培育的"日立创业的精神"，以及为在此基础上实现不断创新发展而明确制定的日立未来理想形态的"日立集团愿景"，分别由日立的"使命""价值观"和"愿景"组成。

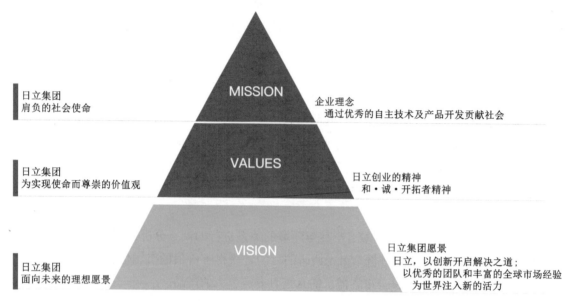

图 2-2-3　日立集团核心价值观体系

日立中央研究所的产品研发程序为现代企业设计程序的建立提供了良好的参考模式。日立中央研究所的设计程序(图2-2-4)主要分为三个阶段：计划(PLAN)—实施(DO)—审查(SEE)。在每个阶段，各个相关部门都会进行沟通、交流，并针对设计项目的进展调整具体的任务规划。

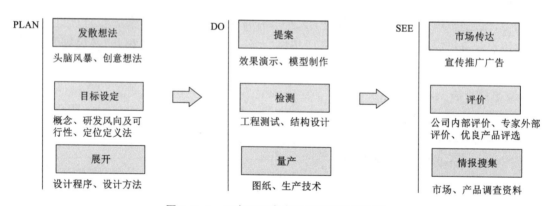

图 2-2-4　日本日立中央研究所的设计程序

日立 2019 年为老年人加装幸福电梯(简称日立加装电梯)项目介绍。

项目背景。2010 年中国城市步入老龄化，以广州中心城区越秀区为例，这里平均人口密度超出 30000 人每平方公里，人口密度高，老龄化问题较为突出。城区内存在较大数量的 7~9 层的老旧住宅，且少有电梯，楼内居民日常只能靠步行上下楼梯。随着年龄的增长，老年人各项身体机能的下降，老年人在没有电梯的高层居住，生活不便。

设计难点。内部因素：①高层住户加装意愿高，低层住户加装意愿低；②大部分住户对于加装概念的理解出现偏差；③住户自身各方面情况复杂。外部因素：①加装空间小，施工难度大；②地下管道复杂导致工期长、费用高；③安装之后的维修护理问题。

解决办法。打造旧楼加装服务中心，通过漫画、活动、广播等多种方式和渠道，与政府、业务同事、志愿者进行紧密联动，帮助住户正确了解加装电梯事项以及解决他们心中的困惑。相关人员会走访勘察每个需要加装电梯的旧楼里的居民，并根据该栋楼居民的需求提供有针对性的设计。在现场实施无焊接分段式组装，方案在降低了对环境影响的同时也缩短了安装周期，减少了对居民正常生活的干扰。另外，浅底坑的设计也避免了加装空间有限、地下管线结构复杂等问题。

　　设计体会。在设计过程中，通过走访调查，认真倾听每一位住户的心声，从中发现主要问题，并积极寻找解决方案。设计师认为："这项工作虽然不简单，但它是最能发挥'开拓者精神'的工作。我们倾听居民心声而加装的电梯，一定能为生活在那里的居民们带去幸福。"

2.3　产品品牌形象设计程序

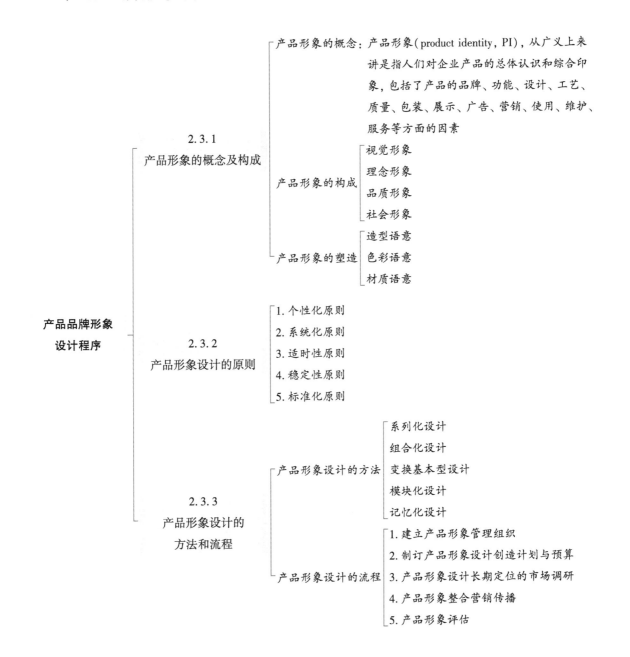

2.3.1 产品形象的概念及构成

1. 产品形象的概念

产品形象(product identity，PI)，从广义上来讲是指人们对企业产品的总体认识和综合印象。它包括了产品的品牌、功能、设计、工艺、质量、包装、展示、广告、营销、使用、维护、服务等方面的因素，应该说人们对产品的任何感知都构成了产品形象的一部分。

产品形象识别是通过设计手段使消费者产生具备企业品牌特征的产品印象，它包括产品获得家族感、系列感和归属感，企业文化获得认同感，是形成产品差异化的有效设计手段之一。

产品形象是透过在产品上所设计出的带有企业自身文化和价值观的独特且明显的特征来实现产品的差异性，并不断地延续在企业不同产品层级上横向与纵向的应用与发展，由此来形成稳定的、统一的产品形象。因此，差异性和延续性就是产品形象的两个重要特点。

2. 产品形象的构成

产品的形象由视觉形象、理念形象、品质形象以及社会形象构成(图2-3-1)。

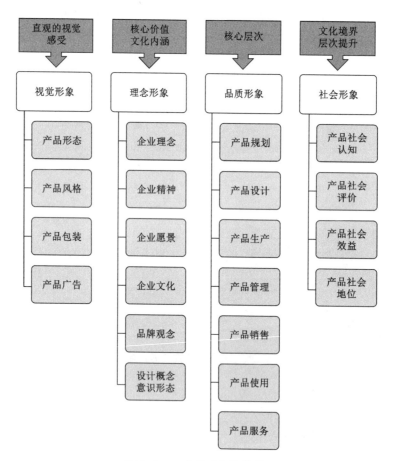

图2-3-1 产品形象的构成

产品的视觉形象是产品带给消费者最直观的视觉感受，包括产品形态、产品风格、产品包装和产品广告。在产品的市场推广中，消费者通过视觉传达感受产品品质、产品品牌内涵、产品的时代特点等。

产品的理念形象是产品内在的核心价值和文化内涵，包括产品中所包含的企业理念、精神、愿景、文化,品牌的观念,以及设计开发中所坚持的概念、心理和意识形态等,是产品形象的核心。

产品品质形象是形象的核心层次,通过产品的质量来体现,用户通过对产品使用过程中得到的优质服务形成对产品形象的一致性体验。产品的品质形象包括产品规划、产品设计、产品生产、产品管理、产品销售、产品使用以及产品服务等。

现代企业形象塑造与企业的社会责任是 21 世纪企业竞争讨论的主题,是新时代企业文化境界与层次提升的主流。产品的社会形象包括产品社会认知、产品社会评价、产品社会效益以及产品社会地位等内容。

3.产品形象的塑造

企业的产品形象具有长期与稳定的特点。产品形象的具体体现是产品在设计、开发、研制、流通、使用中形成的统一形象特质,是产品内在的品质形象与产品外在的视觉形象形成的统一性结果。产品形象的内在品质形象是一种抽象化的理念,只有将这种抽象化的理念转化到产品的外在视觉上才能被消费者所认知和理解,从而建立起实体的形象。

从产品自身来讲,体现于外在视觉上的形象语意主要包括三方面的因素:造型语意、色彩语意、材质语意。

（1）造型语意

主要通过产品造型的尺度、形状、比例及其相互之间的构成关系营造出一定的产品氛围,使人产生夸张、含蓄、趣味、愉悦、轻松、神秘等不同的心理情绪,使消费者产生某种心理体验,让用户产生亲切感、成就感,从而建立起一定的产品形象。产品造型语意(图 2-3-2)还要体现出人机性能,造型要满足人机操作的实用性要求。

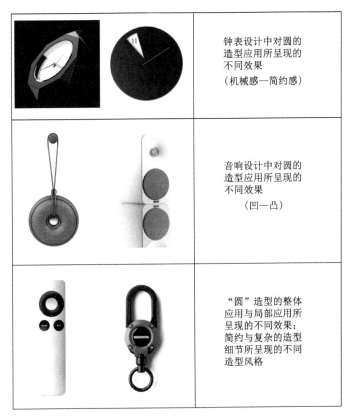

	钟表设计中对圆的造型应用所呈现的不同效果 (机械感—简约感)
	音响设计中对圆的造型应用所呈现的不同效果 (凹—凸)
	"圆"造型的整体应用与局部应用所呈现的不同效果;简约与复杂的造型细节所呈现的不同造型风格

图 2-3-2　产品形象造型语意

（2）色彩语意

产品形象的色彩语意（图2-3-3）来自色彩对人造成的视觉感受和生理刺激，以及由此而产生的丰富的经验联想和生理联想，从而产生某种特定的心理体验。

色彩语意还受到所处时代、社会、文化、地区及生活方式、习俗的影响，反映产品与社会及时代潮流之间的关系。

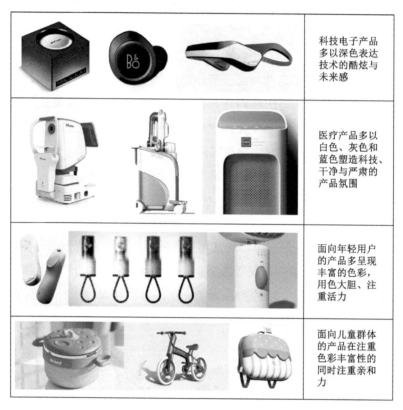

| | 科技电子产品多以深色表达技术的酷炫与未来感 |
| 医疗产品多以白色、灰色和蓝色塑造科技、干净与严肃的产品氛围 |
| 面向年轻用户的产品多呈现丰富的色彩，用色大胆、注重活力 |
| 面向儿童群体的产品在注重色彩丰富性的同时注重亲和力 |

图 2-3-3　产品形象色彩语意

（3）材质语意

材质语意（图2-3-4）是产品材料性能、质感和肌理的信息传递，包括了可测量的物理化学等性能以及不同材料对人的不同的心理作用。材料的质感、肌理是通过产品表面特征给人以视觉和触觉感受以及心理联想及象征意义，因此在选择材料时还要考虑材料与人的情感关系。

2.3.2　产品形象设计的原则

产品形象设计的原则如图2-3-5所示。

1. 个性化原则

产品的外在形象能否第一时间吸引消费者的眼球是决定产品销售力度的重要因素。个性化是工业产品的一大发展趋势。产品的个性化特征表现一般是对某一构成要素在线型、色彩、结构、位置等细节方面进行独特的设计，使产品形成具有相同或相似的识别要素，而不是一味地模仿和抄袭其他产品。

2. 系统化原则

产品形象的系统设计作为品牌战略的一大工程，在品牌创建中具有十分重要的作用。在产品本

	单一材质可以形成不同产品的主要特征风格，如家具利用棉纺和木质材料提高亲和力，金属材质塑造刀具的锋利感
	产品的多材质使用能强化局部特征，更贴合局部的功能，如水杯持握部分硅胶材质的使用既划定了手握区域，又增加了摩擦力，提高了隔热性和亲和力

图 2-3-4 产品形象材质语意

个性化原则	系统化原则	适时性原则	稳定性原则	标准化原则
对某一构成要素在线型、色彩、结构、位置等细节方面进行独特的设计。	在产品本身及其附件的造型设计上，应存在某种相同的元素，这些元素可以体现在色彩、材料、造型符号等方面。	产品形象需要随着社会的发展以及消费和心理变化而做出适当的调整。	产品的遗传特征并不是指简单地复制，而是一代一代地积累、演变、发展。	在进行产品形象设计时要遵循的技术性原则，即产品所采用的名称、标志、标准色、包装等视觉系统必须是统一的。

图 2-3-5 产品形象设计的原则

身及其附件的造型设计上，应存在某种相同的元素，这些元素可以体现在色彩、材料、造型符号等方面，通过使用相同元素，使产品反映出某种风格特征。

3. 适时性原则

企业要使产品受到消费者的青睐，保证产品形象的适时性是必须的。产品形象需要随着社会的发展以及消费和心理变化而做出适当的调整，因此产品品牌形象不是一成不变的。

4. 稳定性原则

DNA 是遗传信息的载体，产品形象也有其 DNA。产品的 DNA 保证产品有着相对稳定的血统，使产品在演变过程中，能够保持统一的、可识别的特征，得到延续和发展。产品的遗传特征并不是指简单地复制，而是一代一代地积累、演变、发展，如此一来，消费者对于产品的视觉体验既是熟悉的，又是动态发展的。

5. 标准化原则

产品形象的标准化与差异化并不矛盾，标准化指在进行产品形象设计时要遵循的技术性原则，即产品所采用的名称、标志、标准色、包装等视觉系统必须是统一的。

2.3.3 产品形象设计的方法和流程

1. 产品形象设计的方法

在进行产品形象设计时，常用的方法有系列化设计、组合化设计、变换基本型设计、模块化设计、记忆化设计等。

①系列化设计：将产品按照其在整个产品群中的位置，分为核心产品、延伸产品以及附属产品。

②组合化设计：组合化设计是指将产品的功能、用途、原理、形状、规格、材料、色彩、成分等构成要素在纵、横方向上进行组合，或将某个要素进行扩展，构成更大的产品系统（图2-3-6）。

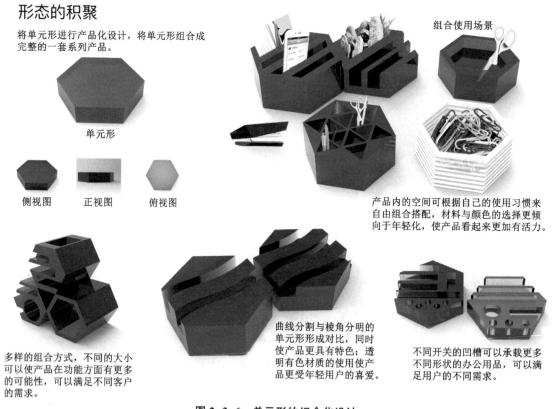

图2-3-6 单元形的组合化设计

③变换基本型设计：是指在产品的基本型不变的基础上改变产品某种要素的设计，包括功能要素等变换，其目的在于增强产品功能、提高产品性能、降低成本等。

④模块化设计：简单地说就是将产品的某些要素组合在一起，构成一个具有特定功能的子系统，将这个子系统作为通用性的模块与其他产品要素进行多种组合，构成新的系统，产生多种不同功能或相同功能不同性能的系列产品（图2-3-7）。

⑤记忆化设计：以感知过的事物形象为内容的记忆，通常以表象形式存在，又称"表象记忆"。使用者通过形体、构造、尺度、位置、色彩等视觉要素，音量、音调等听觉要素，温度、压力、材质、

图 2-3-7 模块化产品

肌理、硬度和柔软度等触觉要素，动作、方向等知觉要素，嗅觉以及肢体感觉等来获取含义。

2.产品形象设计的流程

产品形象设计的流程如图 2-3-8 所示。

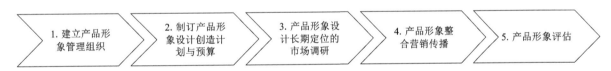

图 2-3-8 产品形象设计的流程

（1）建立产品形象管理组织

建立产品形象设计管理委员会可以弥补品牌管理体系的不足，主要解决企业形象体系的规划，产品视觉形象、品质形象、社会形象的关联问题和新产品形象推出的原则等战略性问题。例如惠普公司建立了品牌管理委员会，主要负责制订整体品牌体系策略，确保各事业部门品牌之间的沟通与整合。

（2）制订产品形象设计创造计划与预算

产品形象设计创造计划包括产品形象设计战略方针、目标、步骤、进度、措施、对参与管理与执行者的激励与控制办法、预算等。

（3）产品形象设计长期定位的市场调研

通过市场调研，找到一个合适的细分客户群，找到客户群心中共有的关键购买诱因，并且还要了解目前是否有针对这一诱因的其他强势品牌。

（4）产品形象整合营销传播

在产品形象整合营销传播的执行阶段主要分为两大类工作：沟通性传播与非沟通性传播。沟通性传播包括广告、公共关系、直接营销、销售促进等途径。非沟通性传播指产品与服务、产品与价格、产品与销售渠道。产品形象的创造需要一个较长的覆盖周期和覆盖一个较大的市场范围，没有多个回合是无法完成的。在长期、持续、扩大的整合传播过程中，必须保持产品形象的一致性，形成广泛认同的产品形象。

（5）产品形象评估

通过权威机构对产品形象的评估，把产品形象确定为量化的资本财富。一个完整的、饱满的产品形象评估包括对产品形象视听觉识别体系、产品形象个性定义、产品形象核心概念定义以及产品形象延伸概念定义四大内容的全方位评估。

2.4 创新产品设计程序

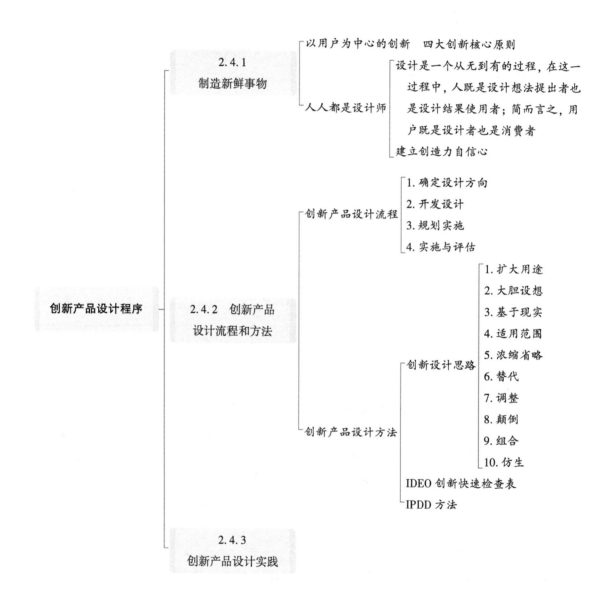

2.4.1　制造新鲜事物

1. 以用户为中心的创新

2015 年，世界设计组织这样定义"工业设计"：工业设计旨在引导创新，促发商业成功及提供更高质量的生活，是一种策略性解决问题的过程，应用于产品、系统、服务及体验的设计活动。它是一种跨学科的专业，将创新、技术、商业、研究及消费者联系起来，共同进行创造性活动，并将需要解决的问题和提出的解决方案进行可视化，重新解构问题，将其作为更好的产品、系统、服务、体验或商业网络的机会，提供新的价值以及竞争优势。工业设计是通过其输出物对社会、经济、环境及伦理方面问题的回应，旨在创造一个更好的世界。

从广义上说，设计就是在进行创新活动，创新活动的过程包括了创意思考，这对培育良好的创新文化有日趋深远的影响。思维活动是由一定问题引起的，并指向问题的解决。在设计活动中，设计思维可以被看作对某一设计问题进行主动、有意识的思考与寻求合理解决方案的过程。创新思维是一种开创性思维活动，设计创新思维的过程即提出问题、搜集资料、发散思维、筛选思路、选择思路从而形成设计构思并最终完成设计方案过渡到下一设计阶段。

创新设计活动是围绕用户需求展开的，目的是带给目标用户更好的使用体验。围绕用户体验进行创新也是创新核心原则之一。

体验是一种感受，可以理解为对周遭环境事物的感知。创新产品设计在创造和影响用户的体验。例如 2020 年 Fuseproject 公司推出的空气净化器产品，这款空气净化器旨在改善人类健康，因为空气质量对人体长期和短期的影响一直是全球关注的问题。这款产品的设计理念是以改善健康为中心，同时它还是美丽实用的家居用品。由此可见，设计者在满足用户功能需求之余，还考虑到用户使用的感受，追求一种温和、平易近人、令人舒适的设计结果。

2. 人人都是设计师

设计是一个从无到有的过程，在这一过程中，人既是设计想法提出者也是设计结果使用者；简而言之，用户既是设计者也是消费者。随着科学技术的发展，设计入门工具变得越来越容易，更多的人参与到了设计之中。施乐公司计算机研究中心的科学家说过："预测未来最好的方式是去创造它。"对于创新产品设计而言，以用户为中心贯穿整个设计过程，从最初的用户研究到产品开发、发布、维护、迭代直至下一个阶段的需求形成。人人都可以是设计师，设计师的创意和构思可以是感性的、直觉的，但设计从产品概念到现实落地的过程却离不开理性的思考和客观的方法。创新是设计的本质要求，也是设计行为的最终目标。常见的八种创新设计思维有：发散思维、收敛思维、逆向思维、联想思维、纵向思维、横向思维、直觉思维以及灵感思维。

David Kelley 在《Ted Talk》中谈如何建立创造力自信心："It would be really great if you didn't let people divide the world into the creatives and the non-creatives, like it's some God-given thing, and to have people realize that they are naturally creative. And those natural people should let their ideas fly."（这会是一件非常伟大的事情：不让人们将世界上的人们分为有创造力和没有的，好像创造力是与生俱来的，而是让人们意识到他们天生是有创造力的并且应该去努力实现这些创意。）

2.4.2 创新产品设计流程和方法

1.创新产品设计流程

(1)确定设计方向(determine design direction)

首先应该找准目标,弄清楚从哪里入手并考虑持续变化的用户需求。观察市场、技术、社会、文化、政策及相关领域的变化,搜集近期动态、前沿、科技发展的最新消息,研究有可能影响企业创新的趋势。整合这些搜集到的信息并以此为依据,重新解读最初遇到的问题,从而寻找新的创新机会,明确设计方向。总体来说,即搜集各个方面最新资讯—总结概括—构建概览—重构问题—提出初始目标的过程。

(2)开发设计(develop design)

当设计方向明确之后,项目过渡到开发设计阶段,基于前期对于环境、人群的洞察,概念探索建立在此基础之上。概念不仅基于前几个模式的成果,同时也应立足于现实。我们也应该经常研究关于产品、服务、品牌、交互、心理、环境、认知等相关学科的知识,以便于解决开发设计中可能出现的问题。

(3)规划实施(planning for implementation)

在规划实施阶段,是将此前所确立的多种概念基础融合成概念体系,从而得到设计方案。对概念进行评估,对项目进展规划进行评估以及及时调整,鉴别出对利益相关者最具价值的概念,让这些概念融入概念系统。此步骤需要保证设计方案逻辑严谨、层次分明。规划实践要有清晰的逻辑线,并能够灵活地调整方案细节,确保方案的输出。

(4)实施与评估(implementation & evaluation)

在原型经过迭代测试后,需要进行评估工作,确保这些创新设计方案是基于用户的体验而产生并且提供了真正的价值。实施与评估前应该制订完整的计划,计划者应该包括设计各个环节的利益相关者,确保每一个参与者都知道实施设计方案的整个进度与流程。

2.创新产品设计方法

(1)创新设计思路

创新产品设计需要有创新思维。创新思维有广义与狭义之分,广义的创新思维是指一切对创新成果起作用的思维活动。狭义的创新思维是指在创新活动中直接形成创新成果的思维活动,例如灵感、直觉、顿悟等非逻辑思维形式。下面是十种常见的创新设计思路。

创新设计思路1:扩大用途。

针对现有事物有无其他的用途,在原有产品基础上稍加改变,形成新的有用的物品。

创新设计思路2:大胆设想。

在做前期调研时利用发散性思维,面对目标产品试想能否从其他领域、行业中引入新的设计元素如材料、工艺、造型、原理等进行融合创新,运用多学科交叉等方法解决现实问题。

创新设计思路3:基于现实。

对于现有已经趋向成熟的传统产品能否创新,可以从产品本身入手,也可以从产品衍生品和产品服务入手,多角度尝试做出调整改变,如式样、造型、颜色等方面,但值得注意的是改变后用户的接受能力与程度。

创新设计思路4:适用范围。

考虑在现有产品的基础上能否增加新的功能,如添加零部件、添加智能功能,增加新的设计思考，提高产品的文化底蕴等。

创新设计思路5：浓缩省略。

与上面表述的思路相反，浓缩省略相当于做减法，即现有产品能否体积变小、长度变短、重量变轻、厚度变薄及拆分产品或将某些部分简化，简化结果在保证功能质量的同时做到少而精。

创新设计思路6：替代。

考虑能否用其他材料、元件、结构、方法、符号、声音等替代现有事物，使之更加具有记忆点。如，小米的透明电视设计屏幕的创新完全区别于传统电视机，长方形形状和简洁的设计风格传递了基础的风格和基本的元素，会让人第一感觉能接受但又完全不一样。

创新设计思路7：调整。

考虑现有事物能否变化排列顺序、位置、时间、速度、计划、型号、内部元件等，可否交换使之利用率更高。

创新设计思路8：颠倒。

考虑现有的事物能否从里外、上下、左右、前后、横竖、主次、正负等相反的角度颠倒，类似逆向思维，站在反向角度思考设计问题。

创新设计思路9：组合。

考虑能否进行原理组合、材料组合、部件组合、形状组合、功能组合以及目的组合，例如随着使用者新需求的出现，充电宝具有吹风功能，还有显示时间及剩余电量功能的智能充电宝，具有暖手功能的暖宝宝充电宝，以及支持无线充电、小电流充电等多功能的充电宝。

创新设计思路10：仿生。

生物种类繁多的生物界经过长期的进化过程，适应了环境的变化得到生存和发展。现有许多知名建筑、产品从大自然中获得灵感和思路。在运用这些设计思路进行设计活动时，可以同时考虑将多个思路融合，而不是一次只使用一种思路。

创新产品设计思维要从用户需求出发，以人为本满足用户；从挖掘产品功能出发，赋予原有产品新功能、新面貌；从可持续设计理念出发，合理采用新材料、新工具、新方法、新技术，从而提高产品的竞争力。

（2）IDEO创新快速检查表

《创新的艺术》一书中写道："如果你心情紧张，即便你拥有世界上所有的天赋和智慧也不会有助于孕育创新，……因此，要努力使你袋子里的魔术用具协调工作，要在工作和娱乐之间做到有张有弛，这样才能避免创新思路的阻塞。"

对照快速检查表（图2-4-1）进行检核，以便产生更多、更好的创意，促进突破性思路产生以及尽可能发挥创新者的想象力和发扬创造精神。

（3）IPDD方法

IPDD方法（innovation product design and development approach，创新产品设计与开发方法）以使用者为中心，整合设计、市场及工程三个领域，找到使用者的要求及渴望，将其转变成产品功能特性，并透过科技整合，研发符合社会趋势的创新产品（图2-4-2）。此方法将创新产品设计与开发分为五个阶段执行。①定义机会：找出使用者新需求。②了解机会：研究新需求。③概念化机会：新需求概念具体化。④实现机会：落实新需求。⑤成果发表：成果验证与展示。

IDEO 创新快速检查表	
障碍	桥梁
以等级为基础	以价值为基础
官僚主义	自主精神
平庸的(被动)	熟悉的(主动)
整洁 时刻保持桌面整洁,"整洁"的组织化结构有时反而会阻碍创新	杂乱 融合了各种文化、理念和经验,这使其居民能产生出巨大的创新能量
专家 专家是重要的,但也可能成为学习新东西的阻碍	修理工 善于确定新的计划,并能确保其运行

图 2-4-1　IDEO 创新快速检查表

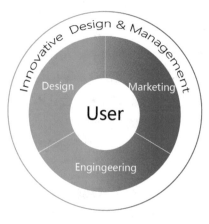

图 2-4-2　IPDD 创新产品设计方法

2.4.3　创新产品设计实践

喜马拉雅于 2017 年 6 月推出"小雅"音箱。"小雅"音箱的设计过程中包含造型上的创新、交互上的改进、情感上的安慰,分别对应造型材料、操作方式、用户体验三个方面的内容,"小雅"音箱创新设计程序与方法如图 2-4-3 所示。

主题	设计声音之美			图片(图片来源:喜马拉雅FM官网)
名称	"小雅"音箱			
过程	设计前期	设计中期	设计后期	
目的	搜集用户反馈	协同设计	设计输出	
渠道	通过互联网平台搜集用户对喜马拉雅的评价	多方交流协同设计,设计造型、细节推进	硬件+软件	
效果	使用时以单人为主,将喜马拉雅当作陪伴者	线下战队同步创意	极致、优雅,柔和的曲线、布艺的家居感	
影响	设计一款音箱而不是耳机	没有任何标识的操作旋钮,操作按键基于用户操作习惯	灯光、颜色充满科技感;一体式包布形式;工艺技术难度	
设计概念	用设计向用户表达善意。让一款产品进入用户生活中,陪伴用户一起成长,慢慢变成生活中不可或缺的伙伴			

图 2-4-3　小雅音箱创新设计程序与方法

2.5 可持续设计程序

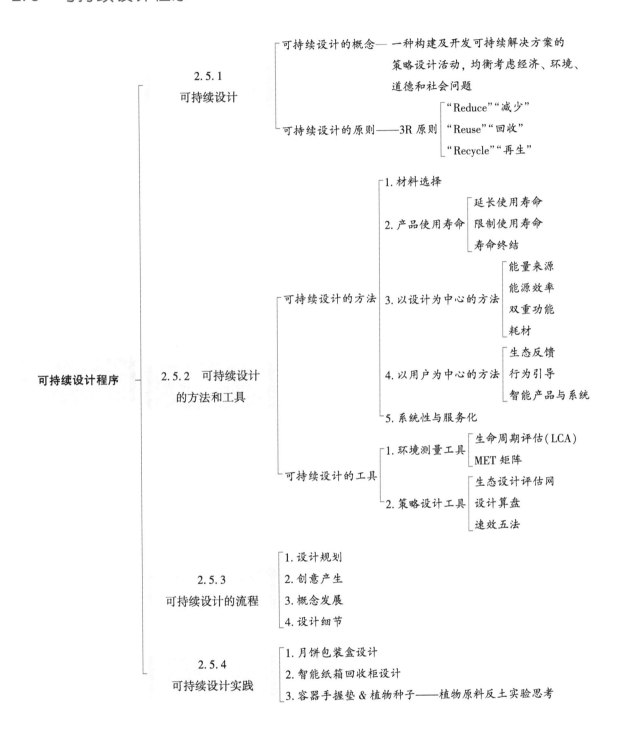

2.5.1 可持续设计

1. 可持续设计的概念

可持续设计的概念诞生于 20 世纪 60 年代，在 20 世纪 80 年代晚期到 90 年代早期出现了第二次大规模发展，并且恰巧与绿色革命同时发生，这股浪潮在 90 年代末期持续升温，到了 21 世纪初，可持续设计的理念被广泛传播开来。

可持续设计是一种构建及开发可持续解决方案的策略设计活动，均衡考虑经济、环境、道德和社会问题。可持续的概念不仅包括环境与资源的可持续，也包括社会、文化的可持续。

可持续设计要求人和环境和谐发展，设计的产品、服务和系统既能满足当代人需要，又兼顾保障子孙后代永续发展的需要。其主要涉及的设计表现在建立持久的消费方式、建立可持续社区、开发持久性能源等技术工程领域。

可持续设计体现在四个属性上，即自然属性、社会属性、经济属性和科技属性。就自然属性而言，它是寻求一种最佳的生态系统来支持生态的完整性和人类愿望的实现，使人类的生存环境得以持续；就社会属性而言，它是在生存于不超过维持生态系统涵容能力的情况下，提高人类的生活质量或品质；就经济属性而言，它是在保持自然资源的质量和其所提供服务的前提下，使经济发展的净利益增加至最高值；就科技属性而言，它是转向更清洁更有效的技术，尽可能减少能源和其他自然资源的消耗，建立极少产生废料和污染物的工艺和技术系统。例如，戴森公司设计的双气旋吸尘器，采用旋风分离原理吸取灰尘，将灰尘自动集入垃圾箱，不再需要一次性的塑料集尘袋，因此减少了大量一次性塑料集尘袋的使用，同时还能够节约电能。

联合国可持续发展 17 个目标如图 2-5-1 所示。

图 2-5-1　联合国可持续发展 17 个目标

2.可持续设计的原则——3R 原则

"Reduce"是"减少"的意思，可以理解为物品总量的减少、面积的减少、数目的减少；通过量的减缩而实现生产与流通、消费过程中的节能化。这一原则，可以称为"少量化设计原则"。

"Reuse"是"回收"的意思，即将本来已脱离产品消费轨道的零部件返回到合适的结构中，继续让其发挥作用，也可以指由于更换影响整体性能的零部件而使整个产品返回到使用过程中。这一原则，可以称为"再利用设计原则"。

"Recycle"是"再生"的意思，即构成产品或零部件的材料经过回收之后的再加工，得以新生，形成新的材料资源而重复使用。这一原则，可以称为"资源再生设计原则"。

2.5.2　可持续设计的方法和工具

1.可持续设计的方法

（1）材料选择

材料规格的决策属于早期的设计规划工作，这个规划会在相当大的程度上影响设计师的材料选择，以下列举了一些材料的种类，如表2-5-1所示。

表2-5-1　材料选择

材料种类	举例	特征
主流材料	塑料：聚丙烯（PP）、聚乙烯（PE）、聚对苯二甲酸乙二醇酯（PET）、丙烯腈-丁二烯-苯乙烯（ABS）、聚苯乙烯（PS）	虽然这些材料都是不可再生的，但是钢材、铝材、PE、PET、ABS、玻璃都可被简单而经济地回收再利用
	玻璃	
	金属：铝、钢	
生物可降解材料	用淀粉或聚乳酸等植物原材料制造的生物塑料	其使用寿命终结后通过自然的化学反应分解成其他组成部分
可再生材料	木材、羊毛、纸张、麻、皮革、剑麻、黄麻、棉花	比合成材料寿命更长久，更耐用，并为产品提供了更强的客户黏性和更长的使用寿命
再生材料	本身或材质可再利用的材料	很多主流材料都可以，或其实已含有再生材料的部分

使用环保材料是可持续设计的方法之一，除此之外，虽然在制造产品时只运用一种材料是不太可能的，但是可以在设计中尽可能地减少使用材料的种类与数量，这样不仅能够减少成本消耗，节约运输资源，而且还可以提升产品在寿命结束之后的回收效率。

（2）产品使用寿命

延长使用寿命：产品生命周期，或产品的寿命可以通过一些途径得到延长，比如修理、升级、返厂再制造、二手市场交易等都可以延长产品寿命，达到节约资源的效果。

限制使用寿命：延长产品的使用寿命并不是在所有情况下都是好事。就如冰箱，近5年生产出来的冰箱有着比20年前生产制造出来的冰箱低得多的能量消耗水平。因此，将旧冰箱丢弃而制造新的冰箱和继续使用旧冰箱相比，前者才是更加环保的做法。恰当地设计出寿命较短的产品反而可以让环境更加受益。

寿命终结：关注设计寿命终结后再被合理化处理的产品一直都是环保设计运动中的一个重点。产品在寿命终结后有不同的处理方式，这些不同的方式所带来的效果也不同。常见的处理方式有产品拆解、产品再制造、零配件重新利用、回收以及能源回收等。

（3）以设计为中心的方法

以设计为中心的方法可以决定一系列不同的问题，例如能量来源、能源效率、双重功能、耗材。

能量来源：使用可再生能源，例如动能、太阳能、风能和潮汐能。

能源效率：通过运用新科技提高能源效率的方式来达到降低产品在使用阶段对环境的影响的目的。

双重功能：如果一种产品同时兼备多种功能，可以满足用户的不同需求，可以减少用户购买产品的数量。

耗材：限制使用产品所需要的一次性耗材或配件的数量，可以有效地减少其对环境的影响。当耗材必备时，也可以通过设计确保它们可以轻易地被拆卸、回收、再利用，同样可以达到环保的效果。

（4）以用户为中心的方法

以用户为中心的设计方法是通过设计调整用户行为方式，以降低产品的环境和社会影响。其中包含生态反馈、行为引导以及智能产品与系统。

生态反馈：生态反馈简单来说就是提供给用户充分的信息，说服他们改变自己的行为模式。例如在 2000 年为 Viridian 设计大赛设计的 Viridian 灯光开关就运用了一个概念性的想法，设计师在开关板上设计了一个指纹形状的指示灯，当用户按下开关，随着时间的流逝和能源的消耗，指示灯的灯光会慢慢变弱直至消失。这个概念旨在通过将能源和时间联系起来的方式来告诉用户他们使用了多少能源，具有一定的教育意义。

行为引导：通过激励机制与规则机制来鼓励消费者依照某种方式履行其行为。例如联合利华公司发现他们的客户往往为了得到好的结果而使用了多于需求量的洗衣粉，因此为了防止资源浪费，他们将传统的粉状洗衣粉改良成了片剂，这一举措不仅提高了洗衣服的效率，同时也减少了能源消耗。

智能产品与系统：智能产品与系统通过缓解或控制的方式阻止用户的不适当行为，来规避回弹效应。例如 IDEO 公司设计的"音乐手机"通过强制地提高播放号码音量的方式来限制用户过度使用。

（5）系统性与服务化

"服务设计"意味着设计师不仅是为生产、占有、消费而设计，更是将物质的使用价值显示给人们，让人们从产品的使用中更加知道"物"的意义，通过设计师的独特阐释与意义设定，让物的新的形态与新的功能彻底地实现其全部的外在价值与潜在价值。

环境保护政策方面的改变提及了生产与消费方面的变化，并考虑到了系统和服务为可持续发展带来的设计机遇，这体现了可持续发展是整体的，而非零散的，因此统合到系统性改革是必要的。

2. 可持续设计的工具

（1）环境测量工具

生命周期评估（LCA）：测评产品或服务对环境产生的影响的方法，包括从原材料最初的萃取与处理过程到最终丢弃的方式。

MET 矩阵：简化过的 LCA 工具，被用于设计流程的开始阶段，在每个 MET 的格子里标注出所有与环保问题相关的记录，如表 2-5-2 所示。

表 2-5-2

	材料周期（M）输入/输出	能源使用（E）输入/输出	有毒材料排放（T）
材料和部件的生产与供应			
厂内生产			
运输			
采用 — 操作			
采用 — 维修			
寿命终结系统 — 回收			
寿命终结系统 — 丢弃			

（2）策略设计工具

生态设计评估网：生态设计评估网（图 2-5-2）是一种简单快捷的工具，它可以帮助设计师对产品或者设计进行质性的评估。

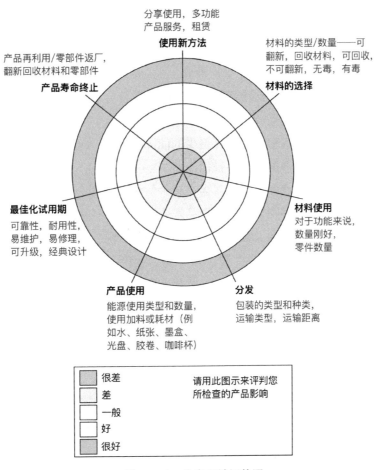

图 2-5-2　生态设计评估网

设计算盘：设计算盘(图2-5-3)可以帮助设计师评测现有产品的可持续表现，突出未来研究的需求所在，列出再设计时的若干目标。在设计早中期，可以使用设计算盘分析现有产品的表现，或者完成一系列替换设计的解决方案。设计算盘还可以用在产品开发流程后期，用于和其他产品进行详细的细节对比。

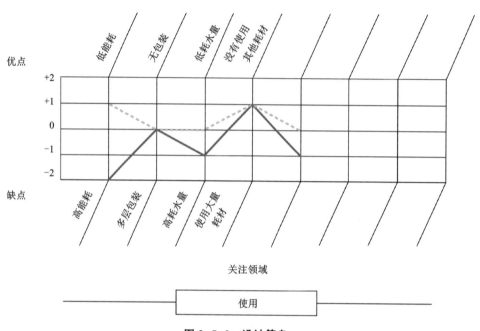

图2-5-3　设计算盘

速效五法：速效五法是一种不需要计算就可以对产品进行分析的快速手段。运用这种方法，将新产品与被参照产品进行以下五个问题的比较：

能源消耗——新产品是否比参照产品消耗更少的能源？

回收——新产品是否比参照产品更容易被回收？

有毒废物——新产品与参照产品相比是否含有较少的化学废物？

产品价值——新产品是否能够提供更长的产品寿命，是否更容易维修？

服务——能否提供既有相应服务又减少对环境影响的新方法？

如果以上所有问题的回答，答案都为"是"的话，那么新产品就是一个绝佳的替代方案；如果得到三个"是"的回答，那么新产品则是一个不错的替代方案，但还需要一定改进；如果只有一个"是"的话，那么就要重新考虑这个设计。

2.5.3　可持续设计的流程

1.设计规划

设计规划的开发过程对于任何一个设计项目来说都是至关重要的。设计规划要包含每一个需要考量的重要问题，决定有哪些是必须执行的任务，规定好各个责任所属何方，细化全部的时间框架。

2.创意产生

一旦设计规划被确定,该设计项目就开始创意产生的阶段。这一阶段的目的是构思新鲜的(包含技术性和非技术性两方面的)概念与想法。此时的设计流程是快速发展且充满互动的,可以运用"情绪拼贴板"来激发和联系设计内容,通过团队或个人的"头脑风暴"进行思考,包括画设计草图和效果图以及用蓝色泡沫板或硬纸板制作草模(图2-5-4)等方法,以检测设计方案在基础技术层面的可行性。

图2-5-4 草模制作过程

3.概念发展

在产品开发阶段,设计可以得到进一步的发展,视角也会得到明显的拓宽。设计师们在这个阶段会去探索更加多样的替换方案,整个过程需运用2D草图、3D模型、CAD模型、平面图、原理图以及草模等多种方法。

在概念发展阶段,设计师需要确定他们要使用什么样的设计策略来减少产品对环境和社会的影响,这可能包括寻找可替代的能源,或提升可用性的考量,或对消费进行引导,或降低产品负面影响,或运用对环境影响较小的材料等。除此之外,设计师也经常通过分析竞品的方式来从中获得启发。

4.设计细节

在设计细节的阶段,设计师运用制造工艺和材料选择方面的知识,设计出高效且盈利的产品,安全以及可用性在这一阶段也得到提炼与升华。例如轻量化成型、降低产品能耗、改进产品拆卸方式等都可以在这个阶段被融会贯通。在设计细节阶段的结尾,材料的选择和与制造流程相关的工作图纸将会传递给工程师。

2.5.4 可持续设计实践

1.月饼包装盒设计

月饼包装盒项目：针对月饼过度包装问题，通过实地研究和用户调研，发现折纸能实现包装和美观的双重功能，借助中秋的文化含义"阴晴圆缺"和折纸的开合，能传达中国传统文化的魅力，利用中国传统油纸包装和竹子材料与月饼包装的嵌合性提高包装的环保性，产品100%天然可降解，实现环境效益和经济效益的双重价值（图2-5-5）。

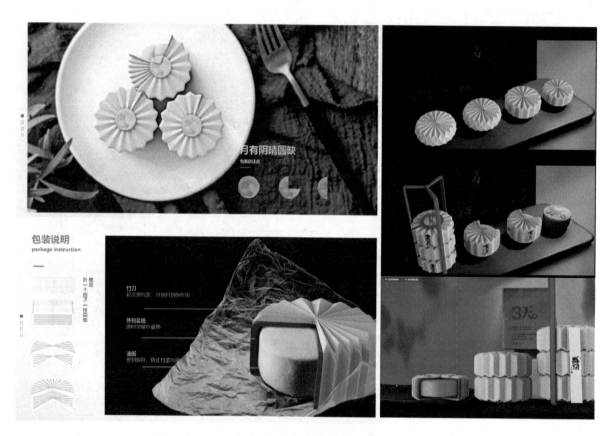

图2-5-5 月饼包装盒设计

2.智能纸箱回收柜设计

"止循"智能纸箱回收柜项目：设计项目以大学生和城市居民为重点用户人群，以纸盒的中转站为设计愿景，以与快递驿站合作为模式，通过及时调配、分类取用实现快递包装随取随扔的结果，以达到快递纸盒包装最大循环利用的目标（图2-5-6）。

3.容器手握垫 & 植物种子——植物原料反土实验思考

通过对实际生活中常见植物纤维材料的探究与实验，在原有功能上叠加主题功能，最终得到富有种子生命力的防烫手握垫设计。这款产品主要针对当代绿色意识薄弱、消费迅速的青年群体，从产品使用全周期考虑，设计将"抛弃"转化为"播种"，能够在提升人们生活质量的同时，提高人们对环境保护的参与感与责任感（图2-5-7）。

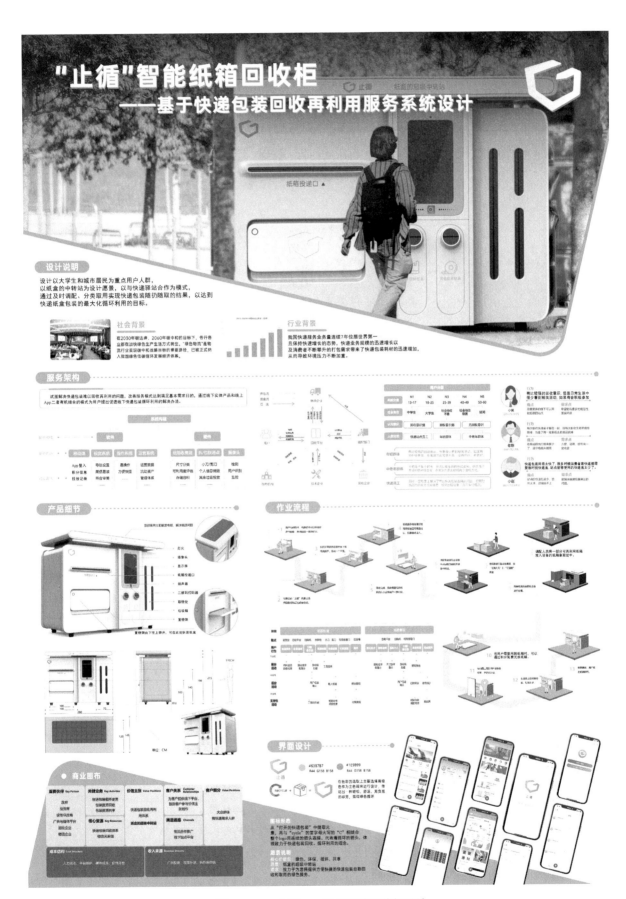

图 2-5-6 止循——智能纸箱回收柜设计

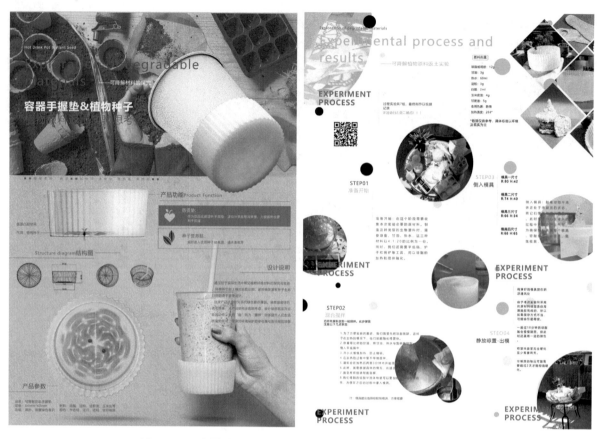

图 2-5-7　容器手握垫 & 植物种子——植物原料反土实验思考

2.6　交互设计程序

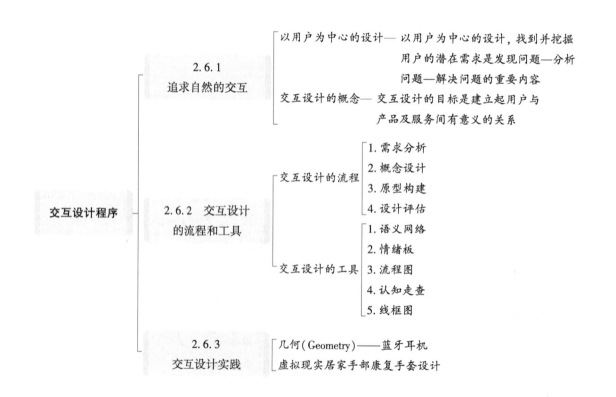

2.6.1　追求自然的交互

1. 以用户为中心的设计

设计心理学、认知心理学、色彩心理学、人机工程学、人类学、信息科学、工程学等多个学科融合产生了交互设计。位于美国硅谷的公司主要创始人之一比尔·莫格里奇于1984年首次提出了"interaction design"（交互设计）的概念。他提倡"以用户为中心"的设计过程，他于2006年出版了《Designing Interactions》一书。

唐纳德·A. 诺曼是美国西北大学心理学教授，他在《设计心理学》一书中使用"以用户为中心的设计"去描述基于用户需求的设计。

交互系统的设计目标、流程都离不开用户，关注以人为本的用户需求，找到并挖掘用户的潜在需求是发现问题—分析问题—解决问题的重要内容。在以用户为中心的产品设计方法中，强调逻辑思维，辅助以流程图、故事板等设计表现手法，采取软件和硬件原型相结合的方式对目标系统进行重建、解读，使构建的目标交互系统不断更新且更加贴合用户需求。

交互形式的决策必须放在一定的实际情景内产生，交互形式根据交互需求的改变而改变。交互设计程序相较于前面几种方式而言更加灵活多变，因为随着科学技术的发展，交互设计涉及的范围越来越广，交互方式也变得越来越多。交互是一种行为，目的是沟通和理解，交互行为存在于人与人、人与物之间。追求自然的交互，我们需要将交互设计原则融于设计活动之中。

2. 交互设计的概念

维基百科中将交互设计定义为两个或多个互动的个体之间交流的内容和结构，使之互相配合，共同达成某种目的的设计。这些个体指的是用户及其使用的产品和接触的服务。交互设计以"在充满社会复杂性的物质世界中嵌入信息技术"为中心。交互设计的目标是建立起用户与产品及服务间有意义的关系。

2019年日本nendo工作室为日本本土品牌ASAHI SOFT DRINKS设计了一款名为stir-cup的产品。该饮料需要和一定量的水搅拌混合制成，因此stir-cup是专门为这种饮料设计的，旨在简化其制备过程并缩短测量过程。当杯子向侧面倾斜直到保持平衡时，将浓缩的饮料倒入至边缘处测得正好为30 mL。当玻璃杯竖直放置并注入水时，液体表面的轮廓逐渐由"花形"变为"圆形"，直到液体量达到120 mL。由于玻璃杯内部有"褶边"，所以不需要搅拌器，轻轻摇动杯子就可以很容易地将液体混合在一起。这款玻璃杯不仅可以让用户制作美味的饮料，而且制作过程具有一定的仪式感，成为一种独特的交互体验。

2.6.2　交互设计的流程和工具

1. 交互设计的流程

交互设计过程以用户需求为基础，围绕用户目标展开，主要采用产品原型来呈现设计概念，再根据一定的标准进行评估。

（1）需求分析

目标用户对交互式产品的需求一般体现在功能、数据、环境、可用性和体验需求这四个方面。

功能需求：针对用户目标的功能设置。

数据需求：包括数据的类型、范围、存取要求、保存时限。

环境需求：包括物理环境、社会环境、组织环境、技术环境。

可用性和体验需求：包括用户物质和精神层面的内容。

这些分析不应仅有文字叙述，也应通过信息可视化的方式来体现，例如流程图、信息可视化表格等。例如下图，以一个跑步中的人来举例（图2-6-1），体验目标需求的思考维度就是一个很好的设计机会，抓住设计机会开展设计活动。

图片	角色	场景
	一个跑步的人	跑步时口渴
	需求	体验目标
	喝水	补充水分，解渴

图 2-6-1　用户需求卡片

（2）概念设计

在分析需求中确定需求，即在需求分析报告中寻找到至关重要的因素以及明确的用户目标，从目标用户的特征与经验出发，挖掘用户潜在的需求以及需求内在的动机、原因，才能从中归纳出准确的设计需求。

根据用户需求对产品进行规划，例如采用何种交互方式来满足用户需求，从而提出解决方案。采用用户理解的方式，例如故事板、情景分析、构建推荐的系统外观原型等描述产品功能、操作方式、使用环境等方法，继而在概念设计的基础上具体化，推进概念设计细节落实，用以反映产品的细节，如软件的色彩、声音、图像、菜单、按键设计等（图2-6-2）。

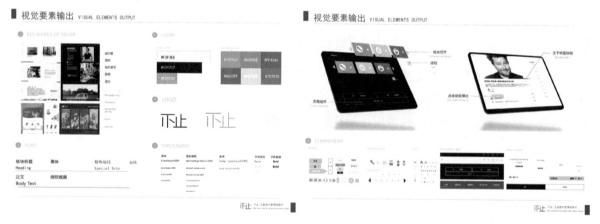

图 2-6-2　学习网站交互界面设计

（3）原型构建

原型构建是指在设计方案的基础上进一步设计与用户交互的原型，以便开展测试评估发现设计中的问题。原型设计在交互设计的迭代过程中必不可少，每一次迭代都需要利用原型进行评估，通过不断的原型—评估—修改—原型—评估—修改的过程最终获得可用性和体验度最好的产品（图2-6-3）。

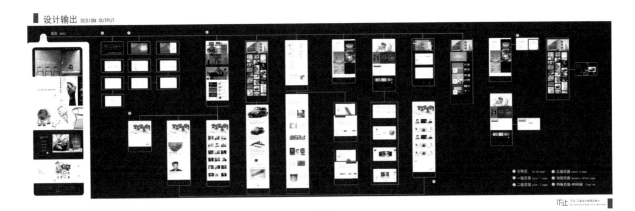

图 2-6-3　学习网站原型设计

（4）设计评估

交互设计的评估没有固定的模式，通常根据具体的要求进行选择。在交互设计过程中的各个阶段，都会有不同形式的评估。在概念设计阶段，评估目的是判定产品概念是否与用户需求相符。在原型构建阶段，评估目的是通过原型与直接用户或间接用户进行沟通，以便得到直接或间接用户的反馈从而改进原型。总之，评估是交互设计过程中的一个重要环节。

交互设计评估一般从以下三个维度进行：有用性、可用性、吸引力。

有用性：能同时满足业务目标和用户体验目标。例如业务目标是使更多的新用户下载使用某产品，现在的产品正好在某些方面做出了交互设计版本更替，满足了一部分潜在用户的需求，从而让新用户主动尝试并下载该款产品。

可用性：让用户易于理解功能使用以及学习操作。例如现在许多 App 产品都支持短信验证码登录、扫码登录、第三方账号关联登录，无形中方便了用户登录，增强了用户使用体验。可以拓展了解一下尼尔森十大可用性原则，这十大可用性原则分别为：可视性原则、环境贴切原则、可控性原则、一致性和标准化原则、防错原则、协助记忆原则、灵活高效原则、易读性原则、容错原则、人性化帮助原则。

吸引力：让用户使用时有惊喜感，即提供的功能超出了用户的预期。这就要求在需求分析环节进行大量的数据处理、对比分析以及一定的经验积累，才能有助于之后的正确决策。

2. 交互设计的工具

交互设计过程中主要用到的工具或方法有语义网络、情绪板、流程图、认知走查、线框图等。这些工具或方法不只是在设计阶段用到，有时在用户需求分析和评估阶段也会用到。

（1）语义网络（semantic network）

语义网络围绕一个中心主题展开，由中心主题延伸出若干个分主题，再由分主题联想展开若干下级主题，用于表达中心主题与分主题、分主题与下级主题的相互关系，用连线的方式形成一个语义网络描述图（图 2-6-4）。语义网络可用于人工智能、互联网构建、界面设计、交互设计等领域，用来表示研究对象的描述、构成和属性。在交互设计中用语义网络图可以清晰地表达设计概念展开及相互关系、交互界面层级关系、交互系统信息构架、功能的分解以及人物的执行途径等。

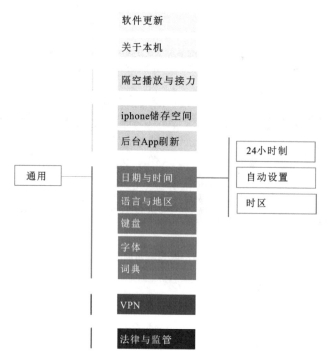

图 2-6-4 通用设置选项的语义网络图

（2）情绪板（mood board）

情绪板是由文字、图形、图片、照片、剪报、版式等资源组合而成的一个版面（图2-6-5），通过视觉信息引起受众在情绪上的反应。在交互设计中使用情绪板可以启发设计思路，例如有时候交互设计师不能确定产品的样式或色彩时，就可以通过制作情绪板来收集信息从而获得灵感。另外，利用情绪板可以生成多个产品概念，并对其不同方面进行测试，找到产品关键点之间的相互联系。情绪板的表现形式灵活不受限制，其制作过程可以分为主题确定、图片搜集、图片浏览信息交流、图片筛选、图片分类和情绪板扩展几个步骤。

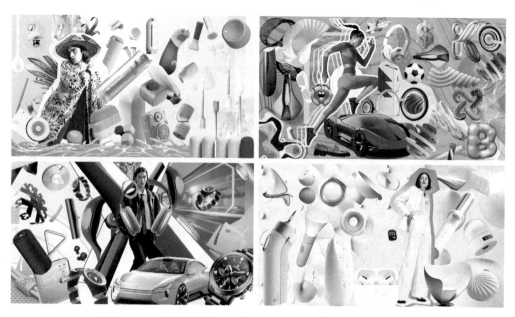

图 2-6-5 由设计师编写的情绪板（清新、动感、科技、极简）

（3）流程图（flow diagram）

流程图是由约定形状图框和图框中文字或符号以及连线（或者箭头流程线）组成的图形（图2-6-6），主要用于表示执行操作的先后次序和选择路径的逻辑关系。由于流程图直观地描述了操作步骤，有利于准确定位问题出现的具体环节，因此在软件工程、网页设计、界面设计以及产品概念设计中经常使用。

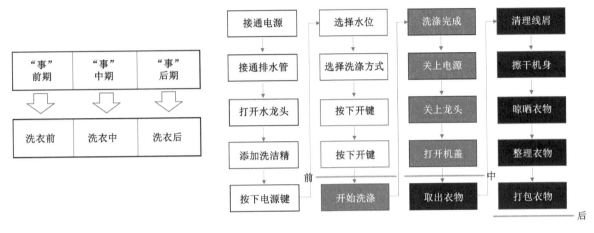

图 2-6-6　用户洗衣流程图

（4）认知走查（cognitive walkthrough）

认知走查是1990年Lewis等人提出的一种常规实用性评估方法。基于用户完成某一特定任务而进行的操作序列的认知过程，分析者可以按照一定情景进行操作，从而发现导致操作过程中出现问题的某些设计问题。所谓走查，实质就是模拟用户的认知而进行的操作，验证操作是否能达到用户目标，其操作过程是否流畅，完成任务的步骤是否规范，操作难度是否合适等。

例如在iPhone中使用"高铁管家"App购车票的认知走查可以分为以下两种情景。

情景1：出发地、目的地明确，车次较多。

点击"高铁管家"App图标进入查询票界面—输入出发地及目的地查询车次—浏览车次并选择时间合适的车次。若由于车次太多不易找到合适的车次，此时有多种操作选择：①点击"出发时间"按出发时间顺序显示；②点击"旅行耗时"按乘车时长顺序显示；③点击"到达时间"按到达时间顺序显示；④点击"筛选"按自定义内容搜索车票、购票。

情景2：出发地、目的地明确，车次较少。

点击"高铁管家"App图标进入查询票界面—输入出发地及目的地查询车次—浏览车次。若由于车次较少难以找到合适的车次，此时有多种操作选择：①浏览查看中转方案；②点击"查看更多中转方案"根据需求选择推荐排序/旅行耗时/中转时间/价格排序/筛选顺序显示，购票。

（5）线框图（wire frame）

线框图是用图形和文字来表示界面结构、层次关系、组成元素和内容的一种可视化的表现形式。线框图源自建筑图纸，在网站设计中称为网页布局图（page-layout）。在交互设计中使用的线框图需要既清楚又直观地表达设计概念、界面布局和各级界面之间的协调关系，便于项目组成员之间的交流沟通。在设计的初期，线框图通常用手绘的形式，之后用Visio、Balsamiq、Axure、Photoshop、Illustrator等工具来绘制。前者用于低保真线框图，后者用于高保真线框图（图2-6-7、图2-6-8）。

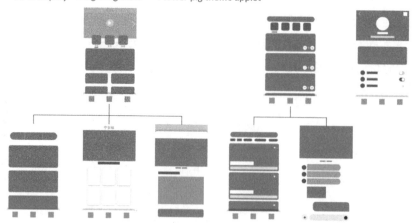

图 2-6-7　低保真线框图

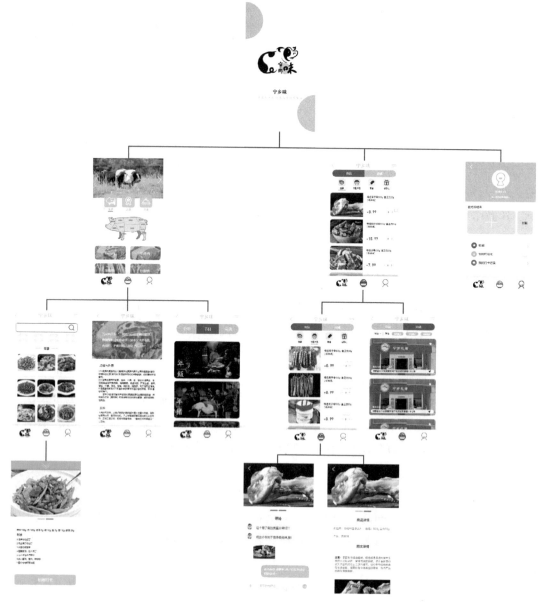

图 2-6-8　高保真线框图

2.6.3　交互设计实践

1. 几何（Geometry）——蓝牙耳机（设计者：何佳新）

Geometry 是一款智能蓝牙耳机（图 2-6-9），用户手机与设备连接，耳机的使用时长与频率将在手机上可视化呈现并提供健康提醒服务，同时耳机将通过条状闪烁向用户周围人提供用户当前使用状况的提示，避免周围用户因"不知情"而陷入尴尬的情境。设计旨在劝导用户合理使用耳机设备，保护听力，并对用户使用过程中会面对的各种使用情境进行了综合考虑，平衡了使用中可能会遇到的问题。

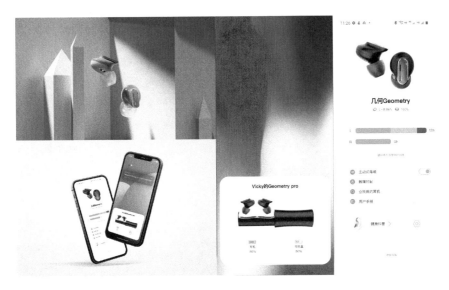

图 2-6-9　蓝牙耳机设计

2. 虚拟现实居家手部康复手套设计（设计者：胡正）

该设计（图 2-6-10）通过虚拟现实技术，辅以陶艺游戏，提升患者的趣味性与依从性。同时，对于现存交互不便的问题，提供了语音交互的解决方案，并通过对医、患、家属三方利益相关者的分析，以数字平台的方式串联了居家康复服务。

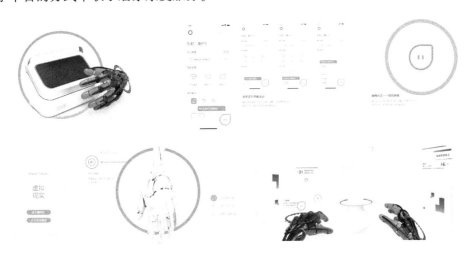

图 2-6-10　虚拟现实居家手部康复手套设计

2.7 服务设计程序

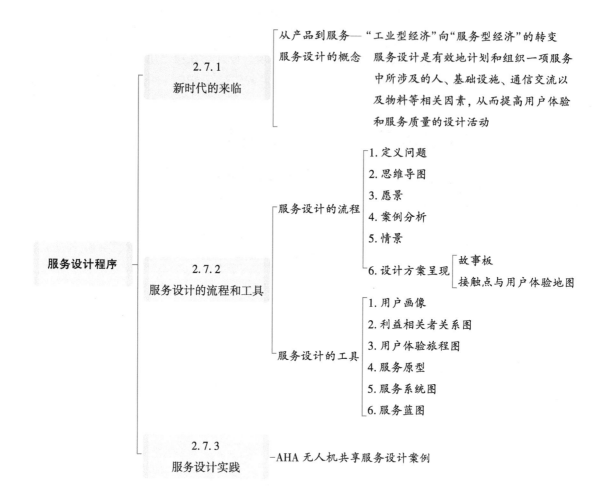

2.7.1 新时代的来临

1. 从产品到服务

20 世纪 60 年代以来, 全球产业结构因服务业的发展发生了巨大的转变, 呈现出由"工业型经济"向"服务型经济"转变的总体趋势。发达国家在半个世纪以来经历了产业和社会的发展与转型, 服务设计的概念也因此在欧美等经济发达国家被率先提出。新时代的到来也意味着问题的转变: 从产品到服务。

Daniel Bell 在《后工业社会的来临: 对社会预测的一项探索》中提道: "发达国家的社会结构随着'服务经济'的到来而发生根本性的变化, 如果工业社会是以商品数量来定义社会质量的话, 后工业社会就是以服务和舒适所计量的生活质量来界定消费构成和生活方式, 如健康、教育、娱乐和艺术。在后工业社会里, 生产与消费都不再以物质产品为主, 而是以服务为主。"

德国拜耳公司(Bayer)在 2010 年推出一款新的血糖仪"CONTOUR", 这个产品的外观脱离了传统血糖仪的形态, 看上去更像是一个 U 盘, 它可以通过用户的个人电脑进行血糖数据管理, 将测得的数据通过互联网传输至医院。此设计获得了美国 MDEA(Medical Design Excellence Awards) 2011

年度的设计创新奖，评判是否获奖的标准并不再是产品设计，而是服务设计。

在这个设计中，IDEO 的设计师了解到不良的血糖控制会导致糖尿病人心脏病、失明等严重的并发症，而病人在餐前、餐后的数据是血糖分析的关键。虽然此前的血糖仪也具备数据分析功能，但是由于操作和界面设计的复杂或错误，常常导致一系列功能失效，为此大部分病人不得不继续使用笔和纸来记录。因此 IDEO 设计团队所面临的难题就是如何准确地记录血糖数据并在测试过程中标注出来，同时不干扰病人的自测习惯。设计团队经过长时间的研究与使用测试，最终选择了强制性的操作设计方案，即用户操作血糖仪必须先回答"餐前"还是"餐后"才能继续使用，确保关键信息的准确性。同时，为了避免模棱两可的静态图标所引起的识别困扰，"CONTOUR"选用高对比度的彩色 LED，用文字与动画界面代替了传统的字符段显示器，从产品的外观形态上来说更像一个移动的数码产品，同时也考虑了对病人隐私的保障。在这样的一个设计案例中，产品的形态设计被弱化，所强调的是这个产品背后的服务。

如今，全球设计界都围绕"以用户为中心"的目标进行设计活动，使得设计的边界变得越来越模糊。随着信息时代的到来，设计问题变得越来越复杂，跨学科合作的需求日益突出，在制造流程以及商业流程的设计阶段，"用户导向"与"问题解决"的设计原则都需要被充分考虑，因此设计师对无形的服务进行设计的机遇出现了。

2.服务设计的概念

服务设计是有效地计划和组织一项服务中所涉及的人、基础设施、通信交流以及物料等相关因素，从而提高用户体验和服务质量的设计活动。服务设计以为客户设计策划一系列易用、满意、信赖、有效的服务为目标，广泛地运用于各项服务业。服务设计既可以是有形的，也可以是无形的。客户体验的过程可能发生在医院、零售商店或是街道上，所有涉及的人和物都为落实一项成功的服务传递着关键的作用。服务设计将人与其他诸如沟通、环境、行为、物料等因素相互融合，并将以人为本的理念贯穿于始终。

"小蓝杯"是瑞幸咖啡(luckin coffee)的昵称，其以一个亮蓝色的鹿角标志迅速席卷一二线城市，时至今日，已经发展成为国内第二大连锁咖啡品牌。相比于其他咖啡品牌，它的定义为新零售咖啡。新零售模式指互联网环境下，对商品的生产、流通与销售过程进行升级改造，并将线上服务、线下体验以及现代物流进行深度融合的零售模式。瑞幸咖啡通过推出一系列的符合当代消费者习惯的服务来满足用户的需求，如"快递送上门""门店预约""新用户优惠""咖啡钱包"等，不仅扩大了自己产品的影响范围，同时也提高了用户的参与度。瑞幸咖啡此前在微博上发起的"小蓝杯校园打卡"活动，融合了创意+晒照+奖励，这种社交效应帮助瑞幸在全国高校作为细分场景迅速铺开，形成模式化的咖啡体系。企业以咖啡这个产品为中心在不同阶段推出各式各样的服务，从设计一整套咖啡由制作到销售的服务流程开始，不仅成功出售了咖啡这个产品，还呈现了中国当代咖啡市场的独有文化。

2.7.2　服务设计的流程和工具

1.服务设计的流程

(1)定义问题

在服务设计前期，即定义问题的阶段，是决定服务设计能否顺利开展的基本阶段。这个阶段往往需要花较大力气充分定义问题。在定义问题、分析用户需求的阶段，运用的是参与式设计等重要的用户参与设计方法。同时，在这个阶段，需要借思维导图、愿景、案例分析，以及情景等策略性的工具分析问题并得出可能的发展方向。

（2）思维导图（mindmap）

思维导图（图2-7-1）可以理解为一个图表，能够较直观地勾勒出信息。思维导图的表达方式多种多样，常用的方式是在中心放置一个单词或文字，并添加相关的想法、词语和概念，往往是围绕创建，并以树状辐射的方式形成支流，因此它在视觉呈现上又像脑组织的结构。思维导图的初期信息包括和主题相关的话语、思路、观点或任务，或其他关键词和想法，并不拘泥于具体的相关信息，有时看似非常荒诞或发散的想法在这个阶段都被鼓励记录下来。思维导图与普通的交流和信息收集方式相比，最大的优势在于能够将不同成员关于相关主题所能想到的最直观的信息呈现出来，这种方式对于后期信息的梳理和方向的确立有着重要作用，对于设计师或是其他专业人员的沟通来说，亦是直观和方便的。

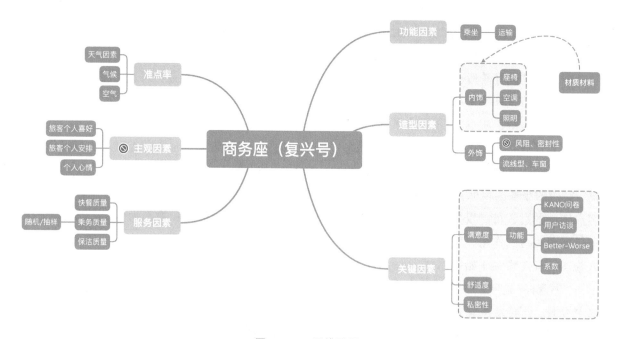

图 2-7-1　思维导图

（3）愿景（vision）

进行服务设计的过程中，通常都需要勾画一个前景或宏观的构想。但是在许多案例中，这种前景或者构想开始时并不明确。所以当用思维导图完成最基本的相关信息传达和梳理收集之后，如何在复杂而又混沌的大量信息中，分清问题之间的重要性和逻辑关系，并发展出未来可能的设计方向，便成为一个重要问题。愿景这样一个概念工具被引入设计前期研究的过程中，是因为它自身的特性使它能够较好地扮演策略性发展方向推演工具的角色。从字面上的意思看，愿景可以理解为我们对未来的规划和希望，它在此阶段可以更多地理解成设计的一种指导方针，以及趋势化的未来解决策略。同时，愿景又与之前的思维导图紧密地联系在一起，起到开发早期原型、发展战略框架及分阶段实施规划的作用。在具体的操作层面有很多种方法，但共同特点是要便于信息的可视化和叙述性。

（4）案例分析（case study）

案例分析是设计研究中常用的一种方法，其目的是对设计现状和已有的解决方式展开研究，发现可能的机会缺口，并能够对未来的设计方案提供有意义的参考。案例分析研究的深入程度直接关系到设计方案的质量。案例研究的相关方法有很多，如运用报纸和杂志法，对与设计方向主题相关的设计案例进行收集、梳理和总结。采用这种方式不仅是为了视觉化的呈现效果，而且能够在梳理的过程中更主动地思考和分析相关案例，通过十字坐标与新媒体网络平台相结合等方式，收集与整理相关案例的用户反馈，从而更好地定位潜在设计机遇。

（5）情景（scenario）

"情景"一词对应英文单词"scenario"。在很多情况下，它又被翻译成"场景"，情景也可以理解成一个重要事件或是一系列行为和事件的概略性集合。在设计领域，米兰理工大学的 Ezio Manzini 教授提出"以设计为导向的情景"的理念。它是一种设计工具，通过创造同一趋势下不同角色共有的愿景和行为契合点，有助于设计与创新流程。而其视觉化的特点则表明设计导向的情景最终是以设计模拟的方式来呈现。情景在服务设计中充当不同利益相关者之间的"交互平台"，使他们能以合理的而不是随机的方式做出选择。从可能的发展方向到具体设计方案的逻辑性和合理性问题一直是关注的重点和难点，而情景就是联系这一系列过程和工具的载体，也是从设计研究到设计方案确立的桥梁。情景的生成对确立设计方案具有一定的助推作用。特别是在服务设计领域，设计方案的产生可以理解为一种情景可视化的过程，而最终设计方案的产生是针对具体情景不断细化和选择的过程。

（6）设计方案呈现

情景产生之后需要可视化呈现并与用户沟通。在这一过程中，诸如故事板、用户体验地图等工具被充分应用，以一种叙事性的手法来表现。当我们表现一个有形产品、界面或建筑时，我们有着熟悉的工具和方法，但服务更为复杂，很多情况下可能是无形的，因此需要借助这些工具来表现与用户相关的整个服务体验。

①故事板（storyboard）。

在服务设计中，故事板是针对特定情景的直观体现，帮助设计师针对服务中出现的相关问题和要素进行论证，并用恰当的方式注解。同时，故事板（图2-7-2）也是整个服务流程的完整揭示，丰富了体验的表达。在故事板中，人们像读漫画或看电影一样去读一个故事，并更直观地了解服务设计方案的目的和内容。故事板的绘制方法和表现形式没有统一的标准，但一般都是通过分镜的方式，展现与设计方案相关的各个步骤流程，组成一个合理与完整的故事。在表现上，需要充分考虑易读性和趣味性。

②接触点与用户体验地图（touchpoints & customer journey）。

服务设计的目的在于统筹兼顾多方利益诉求，达成"中立性"的解决方案。服务设计是一种系统化的设计，涉及服务系统、服务程序、服务带与服务瞬间，而服务接触点则是服务瞬间的关键时刻。可见，接触点是整体服务系统的核心。在服务设计中，需要考虑与利益相关者发生关系的每个接触点，接触点可以是一个实体或虚拟的产品，也可以是一个无形的服务或者活动。只要与服务中利益相关者接触的都要进行设计，它基本涵盖了整个服务设计的流程。以一个品牌为例，为其进行服务设计就要考虑所有客户与这个品牌接触的要素，整合网站、包装、广告等相关因素对其进行设计。当我们完成服务设计整个流程中相关接触点分析之后，需要将其可视化并展现其与用户的关系，如用户与不同接触点接触的先后顺序，以及对流程进行分析和表现。这时，用户体验地图将可视化的图形语言与利益相关者接触的接触点进行分类、梳理，并制作出完整的用户体验路径，可以更直观地表现整个服务流程，并为接下来的设计方案细化提供可能。

图 2-7-2　故事板

米兰理工大学设计学院服务设计的流程：

①通过思维导图发散信息并确立愿景；

②运用杂志或报纸形式视觉化呈现案例研究；

③情景构建与呈现产生初步设计概念；

④运用故事板、用户体验地图视觉化呈现设计概念。

2.服务设计的工具

（1）用户画像（personas）

用户画像（图 2-7-3）是与服务系统相关的一组虚构的人格化用户类型的人物档案，用来代表某一类具有共同利益和特征的潜在客户群。用户画像将统计信息具体化赋予用户个性，以便于将一系列真实的、人性化的人物置于情境中去研究用户的需求、愿望与行为预期。

用户画像的创建一般从三个角度来进行：①人物基本信息（年龄、性别、职业、家庭状况等）；②人物心理特征（价值取向、态度、兴趣、生活方式等）；③人物行为特征（智力、情感、动机等）。

图 2-7-3　用户画像

（2）利益相关者关系图（stakeholder maps）

利益相关者关系图（图2-7-4）是将服务系统和环境中的用户、员工、合作者（或组织）以及其他利益相关者（或组织）放在一起，从整体上分析服务系统中不同的参与者（或组织）的关系，并按照重要性和影响力将各利益相关者进行分类。比如在"城市内搬家"这个问题中，涉及的利益相关者有搬家者、搬家者的朋友、老房东、新房东、搬家公司、超市（可能会去超市采购些搬家所需的物品）、邻居，也许还有中介公司、司机、捡破烂的人等。

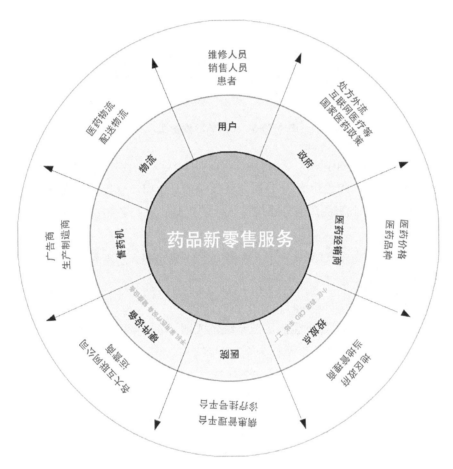

图2-7-4　利益相关者关系图

构建利益相关者关系图需要进行大量的案头研究，列出所有与服务相关的利益相关者，明确他们各自的动机与利益，并用连接的方式表示他们之间的关系以及关系是如何发生的，由此可以发现服务的"痛点"和机会点。

（3）用户体验旅程图（Customer Journey Map）

用户体验旅程图（图2-7-5）是将整个服务过程按照进程步骤进行分解，通常包括获知、使用、交互、离开四个阶段。用户体验旅程图由服务过程中的所有触点构成，全面而细致地描述了服务过程中的用户体验。

构建用户体验旅程图前需要邀请用户参与到工作坊中一起构建旅程图，也可以通过用户访谈、用户观察等方式来绘制用户体验旅程图。随后列出用户在服务前、服务中、服务后期的各种体验以及活动的每个细节，对用户在各个服务环节的正面或负面情绪进行评价，分析整个服务中的所有触点，以及各个触点中用户与服务提供者之间的关系，综合所有信息对流程中主要问题和关键领域进行评估，最后基于这些分析评估发掘设计机会点。

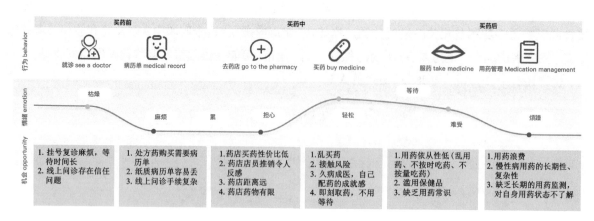

图 2-7-5　用户体验旅程图

（4）服务原型（service prototyping）

服务原型可以是简单的"角色扮演"，也可以是复杂的，让用户直接参与到搭建真实模拟的情景中，总的来说是模拟服务体验来测试服务系统可行性的工具，对服务测试和方案细化具有非常重要的意义。

服务原型是设计过程中的测试工具，并不需要追求外观完美，也不是服务的最终结果，而是循序渐进地搭建起来的。

（5）服务系统图（service system map）

服务系统图（图 2-7-6）也称服务生态图或系统范式图，可以帮助设计者看清和表达服务系统中各元素之间的信息流、资金流、物流以及行为交互关系。

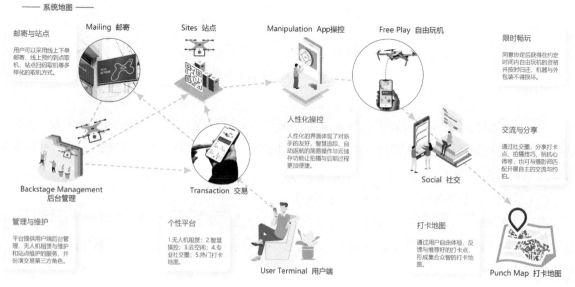

图 2-7-6　服务系统图

（6）服务蓝图（service blueprint）

服务蓝图（图2-7-7，图2-7-8）是基于服务流程图搭建的系统化描述服务的工具，将道具、用户、前台服务提供者、后台服务支持者以及技术系统支持等因素通过图形化的方式进行整体表述，表达了整个服务过程中的系统交互关系。

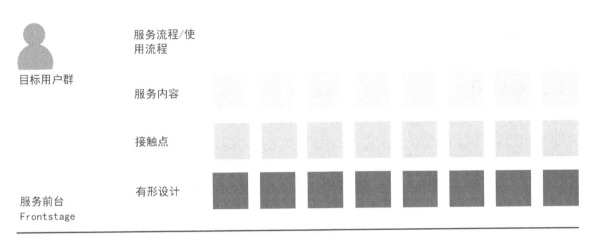

图2-7-7 服务蓝图框架

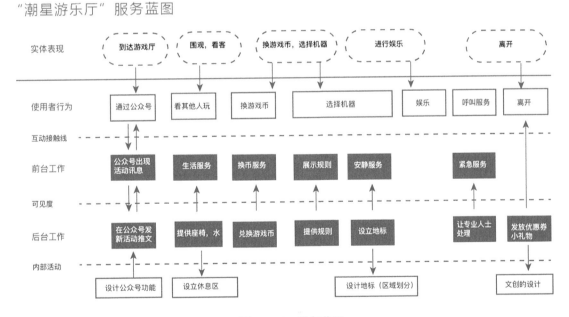

图2-7-8 服务蓝图

2.7.3 服务设计实践

AHA无人机共享服务设计案例。

随着航拍、vlog等视频形式和景点打卡传播形式的兴起，消费者的拍摄需求与日俱增。该设计以无人机为服务载体，基于互联网大数据背景，搭建一个可供大众使用操作的平台，对无人机进行租赁服务，用户通过进入无人机租赁程序完成景点的无人机租赁，利用手机可实现智慧操控、景点打卡、社交与照片实时反馈等服务。无人机共享服务构建了景点新型打卡方式与社交形式，提供了更加精致化、个人化的景点游玩服务。

　　①背景调研与问题定义(图2-7-9、图2-7-10)：分析了现有技术背景与大众文化，通过前期调研发现了当下拍照形式单一、拍"好"照片难与选"址"难等问题，提出了无人机共享服务的创新想法。

图 2-7-9　无人机共享服务背景调研

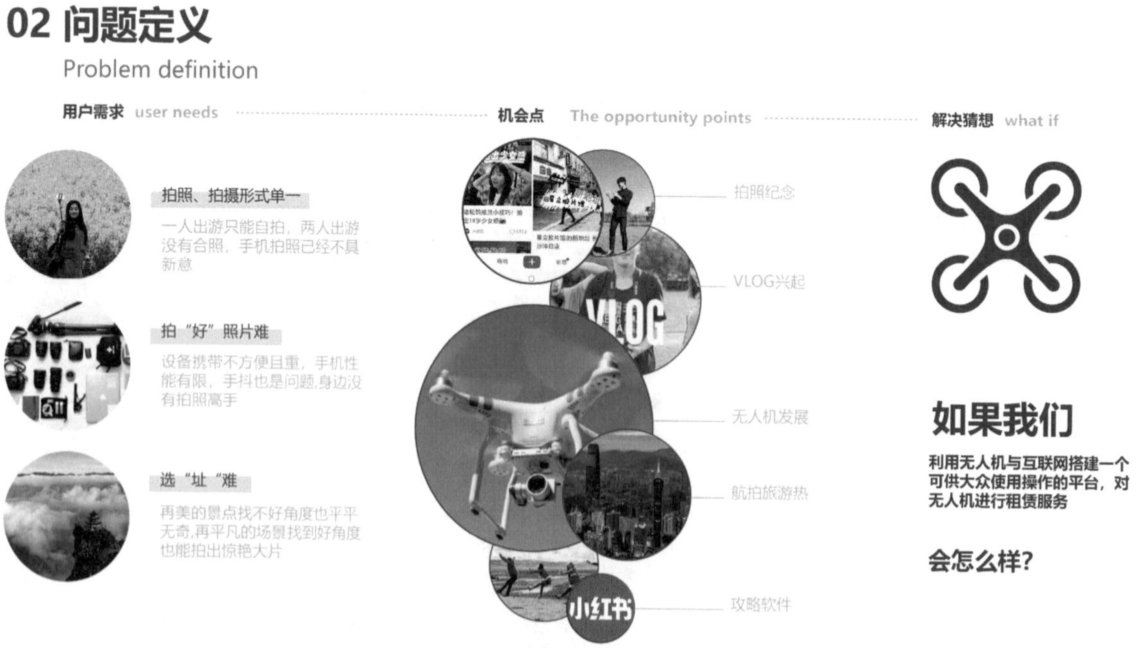

图 2-7-10　无人机共享服务问题定义

②用户调研(图2-7-11、图2-7-12)：通过线上、线下调研，从"我们听到的""我们洞察的"和"我们猜想的"三个方面得出用户画像并选定了目标用户与次要目标，通过绘制用户旅程图对用户进行分层，得出用户不同层次的需求，并基于此提出了解决方案。

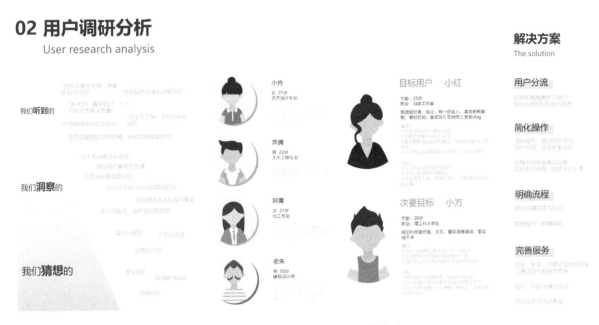

图 2-7-11　无人机共享服务用户访谈

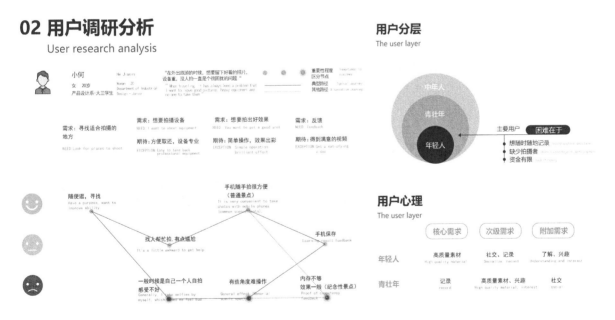

图 2-7-12　无人机共享服务用户旅程图

③可行性分析(图2-7-13)：通过对无人机产品的技术可行性与场景可行性的分析，确定创意想法实现的可行性。

03 可行性分析
User research analysis

消费级无人机的技术可行性分析 参考大疆Mavic air 2
The user layer

模式设定/跟拍	续航/充电	尺寸/重量	ISO范围	照片格式	限制性因素
聚焦 智能跟随 兴趣点环绕 单拍、连拍、自动包围曝光、定时拍、竖拍，广角，180°全景，球形拍摄，智能拍照	最长飞行时间（无风环境）34分钟 最长悬停时间（无风环境）33分钟 最大续航里程18.5 km	折叠后：180*90*74 展开后：183*253*77 重量：270 g	视频：100-6400 照片：1200万像素 4500万像素	视频：DNG（RAW）照片：JPEJ	最大起飞海拔：5000 m 最大抗风等级：5级风 最大可倾斜角度：35°（运动挡）20°（普通挡）最大旋转角速度：250 /s 工作环境温度：-10-40°

场景可行性
The user layer

用户场景&无人机场景比较

自媒体、运营号   游客、团队、同学   个人、家人、朋友   用户场景   可共通的   无人机场景

图2-7-13　无人机共享服务可行性分析

④利益相关者(图2-7-14)：通过分析利益相关者确定触点地图。

04 利益相关者
Stakeholder Map

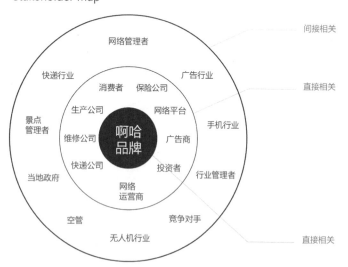

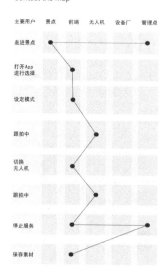

图2-7-14　无人机共享服务利益相关者

⑤系统图与服务蓝图(图2-7-15、图2-7-16)：通过制定系统图，确定服务流程，并对其进行短期和长期价值定位，从而确定商业画布内容。

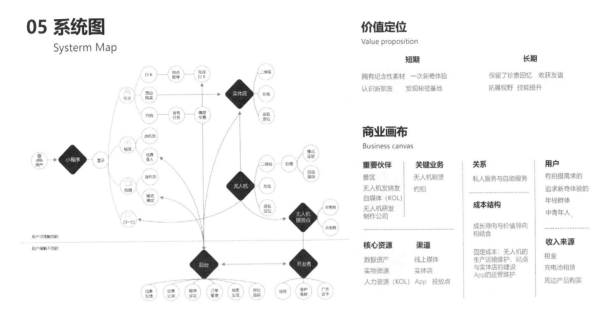

图2-7-15　无人机共享服务系统图

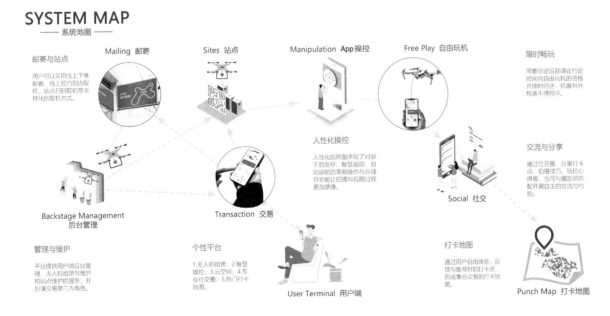

图2-7-16　无人机共享服务的服务蓝图

⑥设计输出（图 2-7-17、图 2-7-18）：确定品牌 LOGO 与相关品牌 VI 设计，最终输出具体的交互产品界面。

图 2-7-17　无人机共享服务品牌 VI 设计

图 2-7-18　无人机共享服务小程序 UI 设计

思考与练习

1. 针对某一类型产品，运用产品改良设计程序的思路进行一次改良设计。

2. 搜集国内外优秀的新产品开发设计案例并进行分析。

3. 搜集国内外优秀的品牌形象设计案例并进行分析。

4.请围绕"创新设计是否应该有界限?"展开思考。

5.搜集国内外优秀的可持续产品设计案例并进行分析。

6.请思考交互设计师应如何平衡各种复杂的想法并形成有条理的逻辑过程。

7.请围绕"服务设计到底服务了谁?"展开思考。

参考书目推荐

[1] (英)安东尼·邓恩,菲奥娜·雷比. 思辨一切:设计、虚构与社会梦想[M]. 张黎,译. 南京:江苏凤凰美术出版社,2017.

[2] (美)卡尔·迪赛欧. 对抗性设计[M]. 张黎,译. 南京:江苏凤凰美术出版社,2016.

[3] (美)怡安,沃格尔. 创造突破性产品——从产品策略到项目定案的创新[M]. 辛向阳,潘龙,译. 北京:机械工业出版社,2003.

[4] (英)Dave Wood. 国际经典交互设计教程:界面设计[M]. 孔祥富,译. 北京:电子工业出版社,2015.

[5] (德)Andy Polaine,(挪)Lavrans Lovlie,(英)Ben Reason. 服务设计与创新实践[M]. 王国胜,张盈盈,付美平,等译. 北京:清华大学出版社,2015.

[6] (德)雅各布·施耐德,(奥)马克·斯迪克多恩. 服务设计思维[M]. 郑军荣,译. 南昌:江西美术出版社,2015.

第三章
信息采集与设计调研

◇ **本章要点**：在产品开发的众多环节中，为了使设计满足消费者的需求，设计调研是一个重要的环节。本章主要从产品调研、市场调研、用户调研、专利知识与专利检索、趋势研究等五个方面，结合理论教学和实际案例分析，对设计调研理论及方法进行相关阐述。

◇ **本章要点**：学习和了解设计调研的基本知识，掌握指导设计前期各类信息收集的方法。

◇ **学习重点**：掌握设计调研与分析的基础理论和技巧，导入设计实践，形成设计的目标定位，从而指导设计工作的开展。

◇ **学习难点**：如何从设计调研中挖掘出有价值的信息，发现市场空白点和潜在的用户需求。

章节内容思维导图

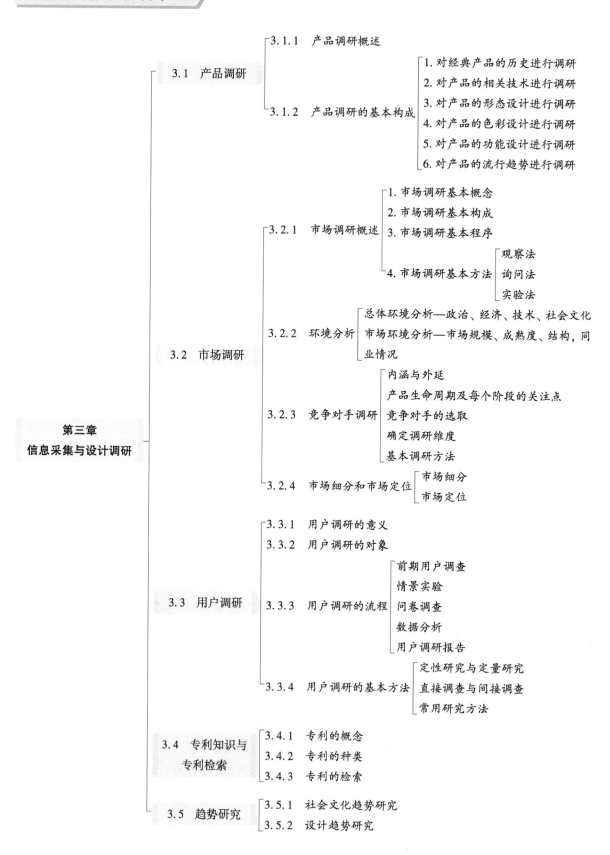

3.1 产品调研

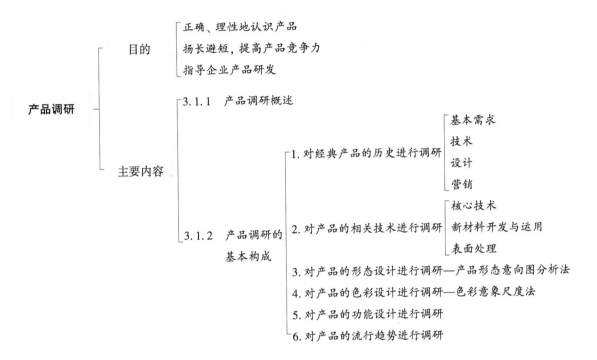

对开发中的产品进行调研，目的是从宏观上了解和把握开发中的产品在设计方面的相关信息，为设计师分析问题，寻找产品突破口，从而确定设计方向奠定基础。本节主要介绍设计师进行产品调研时具体开展的内容与运用的各种方法。

3.1.1 产品调研概述

产品调研，是指在设计新产品前，运用科学的方法收集、整理、分析已有产品的形态、功能、交互等内容，了解产品历史、产品的相关技术、产品的设计现状、产品的流行趋势，为设计提供参考的过程。

产品调研的根本目的在于，通过对市场中同类产品的相应信息的收集和研究，为即将开始的设计研发活动确定一个基准，并以这个基准作为指导本企业产品研发的重要依据。具体到产品开发设计过程，产品调研具有以下重要意义：

第一，通过产品调研，可以在设计开发初期就能迅速了解用户需求。

第二，通过产品调研，可以对本企业的产品在市场上和消费者眼中的看法有一个正确、理性的认识。

第三，通过产品调研，可以在产品开发过程中吸收同类产品中的成功因素，从而做到扬长避短，提高本企业产品在未来市场中的竞争力。

第四，通过产品调研，可以在既定的成本、技术等条件下为本企业选择最佳的技术实现方案和零部件供应商。

3.1.2　产品调研的基本构成

　1. 对经典产品的历史进行调研

对产品历史的调研，是以设计项目所涉及的具体产品为调研对象，通过对那些虽历经时代变迁但至今仍畅销不衰的经典产品的调查和研究，从经典产品的发展历史中总结经验或教训，并用来指导新产品的设计与开发。日本索尼收音机的发展演变如图3-1-1所示。

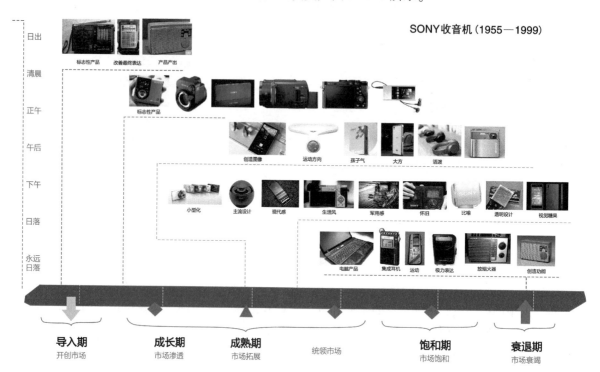

图 3-1-1　日本索尼收音机的发展演变图

对产品历史的调研可以从以下四个角度进行。

（1）基本需求角度

产品经过岁月的考验而仍能通过增加附属功能的方式保持其在市场上的优势地位，这说明它在满足用户的基本需求方面有着其他产品所不能取代的优势。我们对产品历史的调研，应把该类产品中满足用户的基本需求的要素总结出来。

（2）技术角度

通过对某类产品发展历史的调研，对该类产品从其诞生直至目前所用到的各种技术进行梳理和分析，研究这些技术在促使产品走向成功的过程中所起到的作用，并对该产品未来技术发展提出展望。

（3）设计角度

通过对某类产品发展历史的调研，从社会效益、环境、与用户生活方式提升的关系以及使用性、审美价值等方面对产品中的设计因素进行回顾和总结。

（4）营销角度

产品与营销的关系十分密切。产品通过营销的手段被消费者所认可并购买，产品被赋予的满足人们精神、物质需求的功能才能得以实现。我们通过对产品发展历史的调研，对以往该类产品在满足特定市场需求，达到设定营销目标时的方法和策略加以梳理和总结，并将其结果与现有市场调研的成果结合，一并运用到设计开发中去，使最终上市的商品符合市场需求，达到设定的营销目标。

2.对产品的相关技术进行调研

如今，以物联网、互联网数字化信息技术、智能 AI 等为特征的新工业革命使得全世界范围内的发明创新呈增量变化。在未来的产品开发中，产品的科技成分含量将会显著提高，并将日益呈现出高知识密集型、高技术密集型和高性能、高难度、高变量等特点。工业设计是科学技术商品化的载体，产品技术的进步对设计观念的变革和发展起着至关重要的推动作用。因此，作为设计师，必须及时了解和掌握国内外科技发展的前沿动向，需经常思考如何将新技术、新材料、新工艺应用于现有产品，不断改进和开发新产品。这也要求设计师要不断加强学习，经常更新个人的知识结构，使个人知识与时代科学技术始终保持齐头并进。

鉴于上述原因，我们在对产品进行调研时，必须对与产品相关的新技术、新材料、新工艺的发展状况进行研究，并进行技术预测。产品的相关技术主要包括产品的核心技术、产品构造及生产中的各种问题、新材料的开发与运用、先进制造技术、产品的表面处理工艺、废弃材料的回收和再利用等。

3.对产品的形态设计进行调研

产品形态调查是设计调查的重点，它有助于我们清楚地了解开发中的产品在形态上所处的具体位置。由于产品形态对于人们而言属于感性信息，用语言很难对其进行准确描述和直观的评价，所以在实践中对产品形态设计的调研，往往采取产品形态意向图分析法。选出品牌、形态最具有代表性的产品作为调查样本，对产品造型属性进行定义，描述的词汇通常为形容词，以便找寻产品形态设计的发展态势，并确定设计的大致目标方向。

4.对产品的色彩设计进行调研

产品色彩设计调研分析的结果可作为产品色彩设计应用的参考，并且是一项重要的产品设计前期调研成果。色彩计划在整个产品设计程序中，与产品的发展是同时进行的。日韩等国家和中国台湾地区的研究成果显示，色彩意象尺度法是目前分析消费者对产品的色彩意象及喜好度最有效的工具之一。

色彩意象尺度法一般可以分为 3 个阶段(图 3-1-2)：

第一阶段：筛选、制作 3~5 个具有代表性的产品形态样本，挑选产品色彩配色的意象形容词。

第二阶段：请有经验的设计师设计符合上述形容词概念的产品色彩样本。

第三阶段：进行消费者对产品色彩配色的意象与喜好度测试，最后通过多向度法或主成分分析法进行统计分析并提出结论和建议。

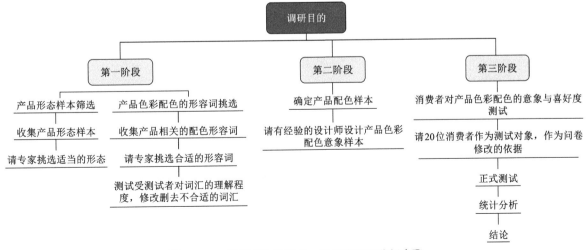

图 3-1-2　消费者色彩意象、喜好度调研分析步骤

5. 对产品的功能设计进行调研

对产品的功能设计进行调研，目的是通过调查分析产品的功能实现原理、结构的变化幅度，从而确定产品的限制条件和设计重点。

6. 对产品的流行趋势进行调研

产品的流行趋势是指某个年代、某种特征、某项功能、某类人群、某种价值观被推崇所依据的标准或潜在的风格。流行的产品有三种形态：第一种是时兴——一时兴起，这是一个时期特有的流行现象，如曾经风靡一时的传呼机；第二种是热潮——一时盛行，它是与时兴有一定联系的流行现象，如流线型的汽车造型不仅体现在汽车本身，还影响其他的商品，如手机、家用电器等产品的造型设计均受其影响；第三种是趋势——潮流、方向，它是由某种价值观形成的一个时代的流行现象，如从功能主义中派生出来的后极简主义。这种在极简的功能主义设计中融入一些感性的因素，迎合了都市人群对简约生活的诉求，成为工业设计发展的一个趋势。而这些带有趋势性的产品在演绎为社会潮流的同时，通过商品将时代与社会生动地表现出来。

3.2 市场调研

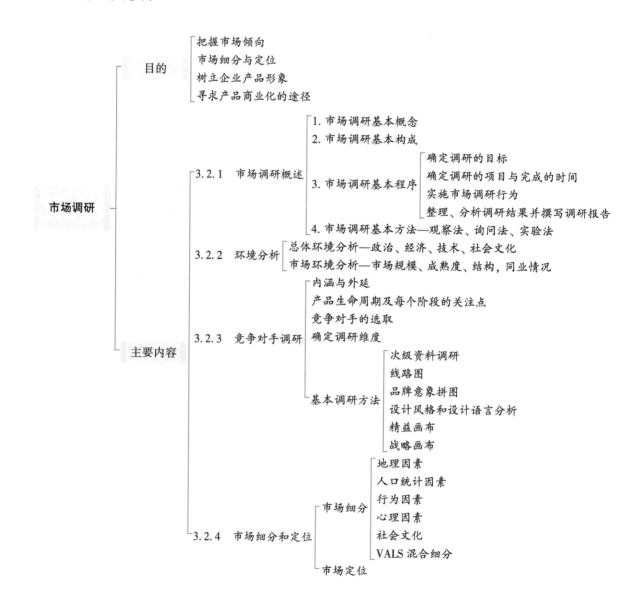

本节主要介绍在设计研发活动开始之前,如何开展市场调研活动。要求学生理解市场调研的意义,了解市场调研的基本步骤及方法,了解竞争对手调查的目的和基本内容,熟练掌握次级资料调研、路线图、产品阵容、品牌意象拼图、设计风格和设计语言分析、优缺点分析等调查方法。

3.2.1 市场调研概述

1. 市场调研基本概念

市场调研是运用科学方法,有目的、有计划地搜集、整理和分析有关供求双方的各种情报、信息和资料,把握供求现状和发展趋势,为销售计划的制订和企业决策提供正确依据的信息管理活动。

现代营销观念认为,实现企业各种目标的关键是正确认识目标市场的需要和欲望,并且比竞争对手更有效、更有力地传送目标市场所期望满足的东西。而市场调研是企业了解目标市场需求和竞争对手行动的真正有效手段。因此,随着营销观念逐步深入人心,市场调研在全球范围得到了广泛的重视。

2. 市场调研基本构成

市场调研涉及的范围非常广泛,产品研发、制造、销售的过程中的每一环节以及在这一过程中所涉及的生产企业、设计师、销售人员、竞争对手和消费者等,都是其调研的范围和需要关注的对象。市场调研还应包括市场动向和技术动向,因此,市场人员和技术人员的通力合作是不可缺少的。在调研过程中要收集大量的产品样品,了解竞争对手的产品动向。市场调研基本构成如图3-2-1所示。

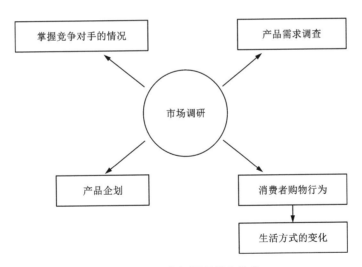

图3-2-1 市场调研基本构成

3. 市场调研基本程序

市场调研需要达到的目标:

第一,产品立项以及探索其量产的可行性;

第二,降低投资风险,实现利益最大化;

第三,通过对调研结果的分析发现潜在需求;

第四,为形成具体的产品面貌准备必要的资料、信息;

第五，发现开发中的实际问题点；

第六，把握相关产品的市场倾向；

第七，寻求与同类产品的差异点，以树立本企业特有的产品形象；

第八，寻求产品商品化的想法和途径。

为了实现上述目标，就要在市场调研的过程中，做到以下几点：①坚持实事求是的调查态度，客观反映市场情况，保证收集到的信息具有准确性、针对性、系统性和预见性。②根据企业自身情况，有针对性地了解、调查相关信息。③在市场调研中，对资料的收集要做到有序，内容上也应进行比较详细的分类，以便于信息的整理和分析。④在市场调研中，对资料的收集既要满足短期内企业决策的需要，又要兼顾今后较长一段时间的需要。

在此基础上，市场调研的过程可以概括为以下4个步骤。

（1）确定调研的目标

这是调研的准备阶段。市场调研的内容十分广泛，涉及面也很广，不同的调研目标有不同要求，因此有不同的调研方法。在调研之前，应根据已有的资料进行初步分析，拟定调研提纲，确定调研范围以及索取资料的对象。然后，再有针对性地寻找符合要求的调研对象，如对企业管理人员、营销人员、用户或消费者等进行访谈，听取他们对初拟调研提纲的意见和建议，以突出调研的重点，找准调研的焦点问题。

（2）确定调研的项目与完成的时间

调研的目标确定后，就要确定调研的项目，即通过对调研内容的确定来获取调研目标。调研项目应简单明了，设置的数量应适度，既不能太少，以免达不到调研的目的，但又不能太多，以免浪费人力和时间。确定调研项目时，应考虑被调研者能否回答所调研的问题。而调研完成时间是指整个市场调研活动的起止时间，一般情况下，调研时间不宜太长，否则会失去调研的意义。

以下以万家乐厨房电器产品的信息采集为例，归纳调研项目中需关注的主要内容：

①市场动向——现有产品市场占有情况，竞争对手的产品动向；

②技术动向——新技术、新材料及加工工艺的发展趋势；

③万家乐自身品牌产品的历史发展情况；

④市场上现有厨房电器产品生产厂家的品牌 LOGO 及企业文化特点；

⑤消费者需求倾向（购买动机）；

⑥家居环境及厨房相关产品（橱柜、整体装饰等）资料收集；

⑦社会文化及消费结构、生活方式变迁趋势分析。

（3）实施市场调研行为

组织上一步骤中所有的调研项目，并制成调研表格，开展市场调研。如表3-2-1所示，该表共有三栏，第一栏是对被调研对象的提示。第二栏是客户陈述，在这一栏要准确记录他们当时的访谈内容。第三栏是调研人员对客户谈话的概括与解释。

在栏里记录客户可能使用的表述重要性的词汇，如"必须、好、应该、很好、很差"等，上述词汇是对客户需求状态的分级解释。如选用"必须"一词，则表明客户完全确认产品具有的特性，这通常是决定其是否购买一种产品的基本标准；而典型的和产品增强性功能应该列为"很好"等级；选用"好"一词，则意味着对于客户而言是一个非常重要的需求；选用"应该"一词，则表示不存在或不尽如人意的需求。

表3-2-1 市场调研表

调研项目:			
客户:		调查者:	
地址:		日期:	
是否有意愿接受调查:		当前:	
客户类别:			
问题	用户陈述	需求解释	重要性
典型用途			
喜欢/不喜欢			
改进建议			

（4）整理、分析调研结果并撰写调研报告

对收集到的各方面资料进行综合分析、研究、判断，确定需解决问题的关键所在，然后根据市场调研的预设目标写出市场调研报告。调研报告是针对调研课题在分析基础上拟定的总结性汇报书，可以根据调研分析提出一些看法和观点，其应达到以下要求：①针对调研计划和调研提纲回答问题；②统计数字要完整、准确；③文字简明，尽量用直观图来说明问题；④解决问题的方法和建议要明确。

在这里需指出，调研报告撰写完毕，并不意味着调研工作的结束，还应追踪调研报告的结论是否被采纳以及收到的效果情况，以便在下次调研时纠正偏差、改进调研方法和调研内容。

4.市场调研基本方法

市场调研的方法有很多，不同的情况对应不同的设计方法。常规来讲，可分为观察法、询问法、实验法三种形式。

（1）观察法

使用观察法时，要求在消费者或使用者没有感到自己的行为被观察的情况下进行，这样做不仅可以了解到事项发生和发展的全过程，而且可以观察到当时特殊的环境和气氛，加上被调研者并不知道正在被调研，所以能保持正常的活动规律，使调研资料真实可靠，因此有比较强的真实性，可信度高。通过观察用户行为，了解用户对产品的喜爱程度。观察用户使用产品时的操作程序和习惯，可以收集改进产品所需的资料。通过观察法得到的信息比较客观，防止了某些主观的臆断，能够取得其他方法无法获取的直观真实资料。

为了提高观察法的使用效果，要求做到以客观的态度进行观察，要有量的积累，避免先入为主的偏见，要善于识别真伪，透过现象看本质。观察前要根据对象的特点和调研目的事先制订周密计划，合理确定观察路径、程序和方法。观察的过程中，要运用技巧，灵活处理突发事件，以便从中取得意外的、有价值的资料。在不损害他人隐私权等合法权益的前提下，调研时可采取录音、拍照、录像等手段来协助收集资料。

（2）询问法

询问法是各种调查研究中被广泛采用的方法。询问法是通过访问来收集所需的信息。

尽管随着科学技术的发展和人际交往方式的变化，电话询问法和网络问卷调查方法愈来愈受到青睐，但面谈法依然在各种调查中保持了它长期以来的主导地位。面谈法在企业进行市场战略决策和产品开发决策时进行的市场调研中应用较多，企业主要用此方法来了解产品的外观感受、市场、消费者购买行为和使用者等各方面之间的关系以及影响这些关系的因素等。

从表面上看，询问法的应用似乎并无规律可循，为了准确有效地收集到所需的信息，在进行市场调研时可以运用下列调查技巧：①双项选择法，每个项目的答案有两个，受访者可任选其一。②多项选择法，事先拟定两个以上的答案，受访者可以任选其中一项或多项。③自由问答法，根据调查项目提出的问题进行自由回答。④顺位法，列举若干问题，受访者按照要求排出顺序。

（3）实验法

实验法就是针对即将生产出的样品采取试销、试用的方式来获取有关信息资料的方法，这是与自然科学研究方法较为接近的调研方法。它通过实验的方式与正常的市场活动发生联系，使产品与市场、消费者发生非正式的直接接触，并通过控制其变化来研究各种因素对市场的影响。因此，调研者可以对调研对象进行反复研究得出较为准确的结论，从而有效地减少产品的市场风险，防止产品库存积压。

实验法可以通过产品的质量、品种、造型、推广以及产品包装、价格等因素对产品销售量的影响进行调研。

3.2.2　环境分析

企业的经营活动是在复杂的社会环境中进行的，其必然要受到企业自身条件和外部条件的制约。市场环境的变化，既可以给企业带来市场机会，也可以形成某种威胁，所以对企业市场环境的调查研究，是企业有效开展产品设计与开发活动的基本前提。

1. 总体环境分析

总体环境因素有人口、经济、政治、社会文化和科学技术五方面，除社会文化方面外，其他均可从第二手资料中获得，而社会文化中的生活方式、价值观念和消费习惯，大部分则需要通过专门的调查取得。

（1）政治法律环境

政治法律环境是指企业外部的政治法律形势和状况。企业总是在一定的政治法律环境中运行，新的法律法规及政策的出台和调整会对市场、对企业的发展产生重要影响。企业政治法律环境的调查，就是要分析相关的法律法规、条令、条例的内容，尤其对其中的经济立法，如经济合同法、专利法、商标法、环境保护法等相关规定要重点了解。

（2）经济环境调查

经济环境调查，主要是对社会购买力水平、消费者收入状况、消费者支出模式、消费者储蓄等情况的调查。

（3）技术环境调查

技术的迅速发展使商品的生命周期日益缩短，企业生产的增长越来越依赖技术的进步。以电子技术、信息技术、纳米技术、生物技术为主要特征的新技术革命，不断改造着传统产业，使产品的数量、质量、品种及规格有了新的飞跃。这就要求企业必须密切关注新技术发展的新趋势、新动向，不断利用新技术来进行新产品的开发与制造。

（4）社会文化环境调查

社会文化环境调查，就是收集人们在各种文化冲击下的生活方式和思想观念的发展趋势、变化的信息资料。这是针对人们在不同文化背景下的心理和行为方面的研究，通过对这些资料的分析与研究，发现和预测未来人们的潜在需求，从而预先开发出具有前瞻性、创新性的产品来引领市场的发展，为企业的发展注入新的动力。

2. 市场环境分析

市场环境分析包括：

①市场规模及其变化趋势、市场潜力。

②市场的成熟度：产品渗透率、人均消费量、品类发展指数。

③市场结构，例如按照品类划分、按照品牌划分、按照价格区间划分、按照包装规格划分。

④同业情况：供应商数目及其供应量、经销商。

上述市场环境资料有些可以由第二手资料获取，例如国家出版的统计年鉴、经济年鉴、经济方面的报纸杂志、企业的内部报告等；有些可以委托市场研究公司通过消费者使用习惯和态度研究（usage and attitude research）来搜集。

3.2.3 竞争对手调研

1. 内涵与外延

关于竞争对手调研，主要包括以下7个方面：①了解竞争对手的数量和规模；②了解竞争对手管理层（如董事会、经营单位、母公司和子公司等）的结构关系、经营宗旨和长远目标；③了解竞争对手的现行战略（如采取的是低成本战略还是高品质战略等）；④了解竞争对手对本企业和相关企业的评价；⑤了解竞争对手的产品设计开发能力；⑥了解竞争对手的优势和不足，收集其产品的质量、成本、市场占有率等方面的资料；⑦了解竞争对手采用新技术、新工艺的情况和产品开发的动向等。

从字面上理解，竞品分析就是对竞争对手的产品进行分析，但这只是表层的含义。在做竞品分析时，除了分析竞品本身做得怎么样，还要分析竞品为什么这么做，竞争对手是如何做到的，竞争对手的下一步会怎么做。因此，竞品分析不仅是对竞争对手产品的分析，还要跳出"产品"看竞争（图3-2-2）。

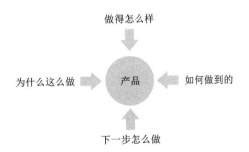

图3-2-2 竞品分析应该关注的问题

产品调研、市场调研、竞品调研的内容在一定程度上存在共通之处，但又各有特点。做市场分析时，有时会对竞品做分析，所以市场分析报告中会包含竞品分析的内容。做竞品分析时，根据分析目标，也可能会做市场分析，即竞品分析报告会包含市场分析的内容。做竞品分析时，若目的是学习借鉴，那么此时的竞品分析就相当于产品分析。进行产品分析时，可以是对产品的功能、设计语言、设计风格等要素进行分析，也可以只对产品的用户体验要素进行分析。按照从宏观到微观的顺序来排序：市场分析>竞品分析>产品分析（表3-2-2）。

表 3-2-2　竞品分析与其他分析的区别

调研类型	调研目的	分析维度
市场分析	寻找市场机会，从宏观角度帮助产品定位	市场规模、增长趋势、市场份额、竞争状况、市场机会、市场细分、用户画像、产品分析
竞品分析	竞争、学习借鉴、市场预警	产品视角（功能、设计、技术、团队、运营等）、用户视角
产品分析	学习借鉴	产品设计（功能、造型风格、用户体验要素）

2.产品生命周期及每个阶段的关注点

在产品生命周期的每一个阶段都可以实施竞争对手调研。由于在产品生命周期的不同阶段我们的关注点不同，而竞争对手调研要为产品服务，所以竞品分析的侧重点也不同。我们首先要了解产品的生命周期，进而针对每个周期的关注点选择竞争对手调研的侧重点。

（1）各阶段特征

产品从投放市场到淡出市场，这一过程很像生物从出生到死亡。因此，市场学中将这个过程称为产品的生命周期。

产品的生命周期一般分为引入期、成长期、成熟期和衰退期。SONY 公司则创新地以一天中的不同时段来表示产品的生命周期，分为日出、清晨、上午、正午、午后、下午、黄昏、日落这 8 个阶段。在生命周期的不同阶段，产品的销量和利润呈图 3-2-3 中的曲线波动。

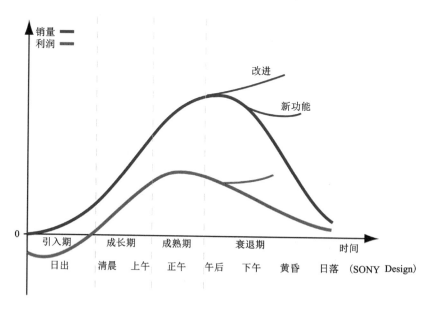

图 3-2-3　产品生命周期

从产品生命周期四个不同阶段来看，其在市场营销中具有不同的特点。

引入期是指小批量应用新技术的创新产品被迅速投放并抢占市场的初期阶段。消费者对新产品有个接受过程，所以在这个阶段的新产品处于非营利状态，需要在产品上投入各种资源，积极地宣传和推广产品，鼓励顾客试用。此时产品因为综合成本的增加，定价往往较高，获利较慢，产品本身也未必理想，可能不够稳定。

成长期是指产品经过试销，消费者对新产品有所了解，产品销路打开，销售量迅速增长的阶段。同时，竞争者也开始加入。企业在产品成长期的早期(清晨)的任务是根据市场反馈修正错误，改良产品，调整定位，控制成本。工程师会优化内部结构，设计师则从可用性和外观方面对原产品进行改良，强化产品特征，逐渐形成产品独特的视觉识别符号。

成熟期是指产品的市场销售量已达到饱和状态的阶段。在此阶段，销售量虽有增长，但增长速度减慢，开始呈下降趋势，竞争激烈，利润相对下降。产品的稳定性也达到了一个新高度，产品的尺寸、功能、成本控制都十分合理，设计师、工程师已经在为下一步的革新做准备。成熟期的企业战略往往是保持、防御和创新。保持指通过设计和营销来巩固强化产品在市场上的地位；防御指针对竞争对手进行策略调整；创新指开发新功能、发掘新用户。

衰退期是指产品已经陈旧老化趋于淘汰的阶段。在这个阶段，销售量下降很快，新产品已经出来，老产品日趋淘汰，退出市场。企业希望延长产品寿命，在产品寿命终结之前尽可能地获取最大利润。此时设计师的重要性得到了极大体现。

(2)各阶段的关注点

上述的产品生命周期理论，反映了产品在市场营销中各个阶段的不同特征，对于企业设计者来讲，如何根据本企业产品所处的阶段做出相应的竞争对手调研分析及输出设计策略，对企业产品的发展是十分重要的。我们可以把产品生命周期形象地概括为"产品三部曲"。

①想清楚：为什么做？做什么？怎么做？

②做出来：产品设计、开发、测试。

③推出去：产品运营、推广、商业化。具体如表3-2-3所示。

表3-2-3　竞争对手调研在每阶段的关注点

阶段	关注的问题	常见的分析目标	常见的分析维度
产品战略	做什么	·找到产品机会 ·判断该不该做 ·帮助产品定位	·市场分析 ·盈利模式 ·战略定位
产品规划	怎么做	·差异化 ·帮助做需求分析 ·帮助制定功能列表	·市场分析 ·产品功能 ·用户规模 ·$APPEALS
设计开发	做出来	·设计的参考	·产品功能 ·技术 ·用户体验设计
产品运营	推出去	·行业环境预警 ·竞争对手监测 ·制定竞争策略 ·借鉴竞品的推广手段	·市场策略 ·布局规划 ·定价 ·$APPEALS

3.竞争对手的选取

调研者可以从品牌竞品、品类竞品、替代品、参照品中寻找竞品。另外，我们需要了解，当竞争对手调研的目的不同时，要选择的竞争对手也会不同。因此，要根据竞品分析的目的、产品的不同阶段、产品的竞争地位，选择3~5个竞品进行深入分析(图3-2-4)。

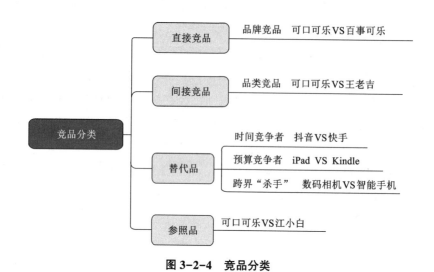

图 3-2-4 竞品分类

4. 确定调研维度

选择竞品后，接下来就是确定竞品的分析维度，主要从产品和用户两个视角介绍竞品分析维度，如表3-2-4所示。

表 3-2-4 竞品的不同分析维度

	产品视角	用户视角
调研维度	· 功能	· 价格
	· 用户体验设计	· 可获得性
	· 团队背景	· 包装
	· 技术	· 性能
	· 市场推广	· 易用性
	· 战略定位	· 保险性
	· 用户情况	· 生命周期成本
	· 盈利模式	· 社会接受度

(1)产品视角

①功能。

亲自体验竞品，快速了解主要功能；抓住关键功能进行功能拆解；做功能对比与分析。

②用户体验设计。

分析用户体验设计时，主要从交互设计、信息架构、UI设计等方面对竞品进行评估。

③团队背景。

团队背景通常需要从以下几方面进行考察：人才构成、资金优势、资源优势、技术背景。

④技术。

这一维度主要是研究竞品采用了哪些关键技术来提升用户体验，该技术是否申请了专利、是否有技术壁垒等。还可以收集竞品的技术合作伙伴信息及其技术变革史以帮助分析。

⑤市场推广。

研究竞品的市场推广策略时，可以采用经典的营销组合策略 4P 框架。在市场营销中，4P 是指产品（product）、价格（price）、渠道（place）、促销（promotion）。

产品：注重开发功能，要求产品有独特的卖点。

价格：根据不同的市场定位，制定不同的价格策略。

渠道：企业并不直接面对消费者，而是注重经销商的培育和销售网络的建立，企业与消费者的联系是通过经销商建立起来的。

促销：企业注重以销售行为（如打折、买一送一等）的改变来刺激消费者。

⑥战略定位。

按照迈尔斯和斯诺提出的战略框架，企业的战略类型分为 4 种，即防御者、探索者、分析者、反应者。企业的战略会影响产品战略，从竞品的企业战略可以推测出竞品的产品战略。

⑦用户情况。

这一维度主要关注竞品以下几方面的问题：

竞品的目标用户是谁？有哪些关键特征？与自己的产品目标用户群是否一致？

竞品的用户数据，包括活跃用户数、付费用户数等。

用户对竞品优劣势的看法。

用户喜欢产品的哪些功能？不喜欢产品的哪些功能？

⑧盈利模式。

即研究竞品主要靠什么方式挣钱，是否有值得借鉴的地方，也可以在制定竞争策略时作为参考。

（2）用户视角

即站在用户的角度，看用户在选择产品时会关注哪些方面，对比评估我们的产品与竞品的竞争力，并制定竞争策略。从用户视角进行竞品分析时可以从 $APPEALS 这一分析工具展开，它从 8 个方面对产品进行客户需求定义和产品定位（表 3-2-5）。

$——价格（price），即客户希望为一个满意的产品/服务支付的价格。

A——可获得性（availability），即客户能否方便获得产品与服务。

P——包装（packaging），即用户期望的产品设计的质量、特性和外观等视觉特征。

P——性能（performance），即用户对这个产品的功能和特性的期望。

E——易用性（easy to use），即产品的易用属性。

A——保险性（assurances），即产品在可靠性、安全性和质量方面的保证。

L——生命周期成本（life cycle of cost），即客户在使用产品时整个生命周期的成本。

S——社会接受度（social acceptance），即影响客户做出购买决定的其他影响因素。

表 3-2-5 $APPEALS 分析框架

价格($) 价格比较	可获得性(A) 购买过程	包装(P) 视觉比较	性能(P) 规格比较
裸车价 税收 付款、贷款情况 杂费	4S 店数量 到货时间 上牌便利性 能否摇到号	外观 内饰 颜色 改装	动力 百公里加速时间 空间 安全配置
易用性(E) 感觉比较	保险性(A) 顾虑和响应	生命周期成本(L) 真实成本比较	社会接受度(S) 其他方面的影响
操控性 舒适性 人机工程 气味	售后服务(索赔、维修、保养等) 安全性 保险	燃油费 保养费 过路费 停车费 保险费	品牌 厂家所在国 与身份、地位、使用场合的匹配度 环保程度

5. 基本调研方法

（1）次级资料调研

次级资料调研是指查询并研究与调研项目有关资料的过程，这些资料是经他人搜集、整理和统计过的企业内外的现成信息。对比实地调研法，其主要优点是目标更加明确，节省时间和调研成本，但存在资料可能过时、准确性难以把握的缺点。

次级资料可以按获取方式分为竞品官方公开资料和第三方渠道资料。根据不同的信息类型有针对性地选择收集渠道可以更有效地获得有价值的信息。下面按照分析维度(信息类型)对竞品信息来源分类(表 3-2-6)。

表 3-2-6 竞品信息来源分类

团队背景	·官方网站、微博 ·媒体报道、CEO 访谈
战略定位	·产品发布会、媒体报道 ·公司财报
产品对比	·第三方机构对比测评 ·官网介绍、用户论坛、展览会
用户情况	·官方公布、官方论坛、微博粉丝、QQ 群 ·第三方研究机构数据、搜索引擎
盈利模式	·官方简介 ·财报、财报解读、高管讲话
市场推广	·高管访谈、广告、推广活动、微博、官网新闻、销售人员
布局规划	·官网、财报、内部出版物 ·专利、版本更新路线图

（2）线路图

线路图是对竞争对手历年产品变化的分析，其有助于设计师发现竞争对手设计策略的变更和设计语言的变化，把握设计的大趋势和方向，有针对性地制定自己的设计策略(图 3-2-5)。

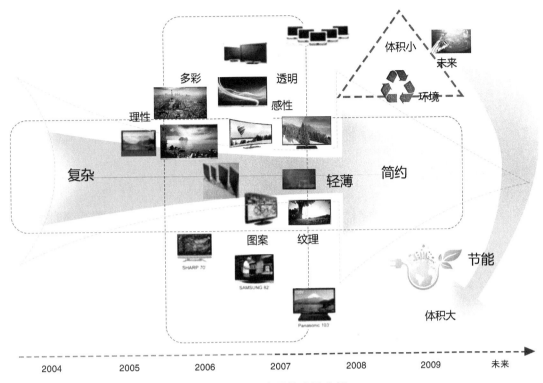

图 3-2-5　产品线路图分析

（3）品牌意象拼图

品牌意象拼图是将品牌的设计原则可视化，将品牌设计的关键词联想图、代表性产品、品牌的经典广告、代言人形象等做成拼图，为设计师提供视觉参考（图 3-2-6）。

图 3-2-6　品牌意象拼图示例

(4)设计风格和设计语言分析

设计风格和设计语言分析可以通过产品意象拼图、旗帜产品分析等方式进行(图3-2-7)。

图3-2-7 旗帜产品风格分析

(5)精益画布

精益画布出自《精益创业实战》一书,更侧重产品层面的商业模式。在进行竞品分析时,用精益画布有助于更加全面地分析竞争对手的产品(表3-2-7)。

表3-2-7 精益画布示例

精益画布 产品名称:_____		作者:_____		
问题: 在产品或创意的开发之前,定义和理解尝试解决的问题	解决方案: 为已经识别的问题提供答案: 产品最重要的3个功能	独特的卖点: 为什么你的产品与众不同,值得购买	优势: 无法被对手轻易复制或买去的竞争优势	用户细分: 目标用户 & 客户;用户的特征、标签
	关键指标: 应该考核哪些东西		渠道: 如何找到客户,如何推广	
成本分析: 获取客户所需花费、销售花费、网络架设花费、人力资源费用等		收入分析: 盈利模式、收入、毛利		

（6）战略画布

战略画布能捕捉市场的竞争现状，使我们看清在产品、服务、配送等方面的竞争集中在哪些元素上，以及各个竞争对手在这些竞争元素上的表现。利用战略画布能帮助企业制订"蓝海"战略，并在产品管理层面上实现产品差异化创新。

接下来以快捷酒店为例说明绘制差异化价值曲线的关键步骤。

在战略画布的横轴上列出产品主要竞争元素（即用户选择产品时所关注的各项元素）。酒店的竞争元素见图3-2-8的横轴。

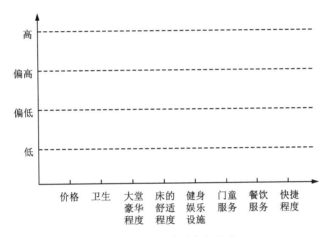

图 3-2-8　酒店的竞争元素

根据竞品表现，将竞品在所有这些竞争元素上的得分点描绘成曲线，即星级酒店的价值曲线（图3-2-9）。

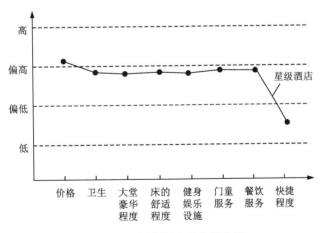

图 3-2-9　星级酒店的价值曲线

在竞品分析的基础上，对这些基本竞争元素应用"加减乘除"的方法。可以看出，快捷酒店通过"加""乘"提升了用户价值、创造了新的需求，通过"减""除"将成本降低到竞争对手之下（图3-2-10）。

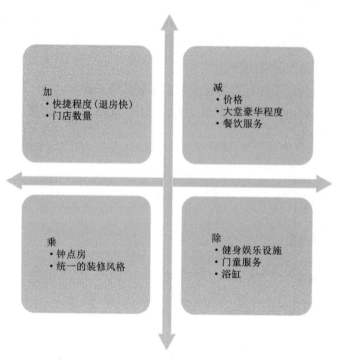

图 3-2-10　快捷酒店的"加减乘除"

绘制差异化的价值曲线(图3-2-11)。

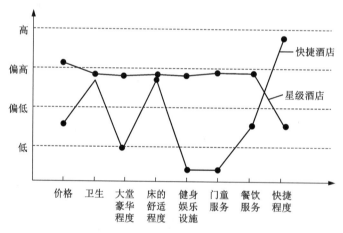

图 3-2-11　星级酒店与快捷酒店的差异化价值曲线图

3.2.4　市场细分和市场定位

1. 市场细分

市场细分源自全球市场的多样性:不同个性、价值观、生活风格、文化背景和购买能力的人构成了不同的市场。生产者只有通过推出差异化的产品,才能满足他们的差异性需求和避免激烈的市场竞争。

市场细分一般分为以下几步：选择细分变量、识别细分市场、描述细分市场、选择目标细分市场。选择细分变量是市场细分的基础。

市场细分的方法一般分为两类：基于消费者的细分与基于产品的细分。基于消费者的细分主要分析消费者特征，如人口统计因素、生活方式等。基于产品的细分则是关注产品或服务本身的特性，如U盘采用基本型、数据安全型以及不同容量的方式细分。这里主要讨论基于消费者的细分方法。

常用的基于消费者的变量有地理因素、人口统计因素、行为因素、心理因素、社会文化因素及VALS混合细分等。

（1）地理因素

按照消费者所在的地理位置来细分市场是一种传统的市场细分方法。处于同一地理位置的消费者，受当地地理环境、气候条件、社会风俗、传统习惯的影响，具有一定的相似性。例如我国南方和北方饮食习惯和口味有很大的差别，采用不同的口味去适应他们，实际上就是地理细分。又如各城市由于经济收入、价值观念、生活习惯不同，城市之间有很大的差异，因此在进行市场研究时，常将我国的城市分为一线、二线、三线和四线，这也是一种地理细分。但是仅用地理因素来细分市场太笼统，因为即使在同一城市中，各类消费者需求差别仍然很大，其购买行为也不一定相同。因此，在运用地理因素细分市场时，还必须同时考虑其他因素进一步细分市场。

（2）人口统计因素

这类因素很多，其中性别、年龄、收入、受教育程度、职业、家庭规模是常用的市场细分因素。人口统计因素是区分消费者群体常用的细分因素。这是因为消费者的欲望、偏好和使用率经常与人口统计因素有密切联系。此外，人口统计因素较其他因素更容易衡量，且有丰富的第二手资料可查询。

（3）行为因素

行为因素是与产品直接有关的市场细分因素，它是根据购买者对真实产品属性的知识、使用与反应等行为将市场细分为不同的群体。行为因素包括使用量和使用状态。

市场细分可根据消费者对产品的使用量来划分：少量使用者、中度使用者及大量使用者等。大量使用者可能仅占市场人口的一小部分，但其所消费的产品数量却占相当大的比例。因此这部分使用者就成了企业的主要目标。我们可以找出每类使用者的人口统计特征、个性和接触媒体的习惯，以帮助市场营销人员拟订价格和媒体投放等策略。

一个市场也可依购买者使用状态来划分：从未用过者、曾经用过者、潜在使用者、初次使用者及固定使用者等。市场占有率高的公司对潜在使用者的开发特别有兴趣；相反，一家小公司，仅能尽力吸引固定使用的顾客购买该品牌。对潜在使用者来说，他们目前不使用产品的原因可能包括产品的性能、社会文化性或个人的经济能力等。例如手机的潜在使用者，可能是目前不使用手机的老年人。

（4）心理因素

心理状态直接影响消费者的购买趋向。特别在比较富裕的社会中，顾客购买商品已不限于满足基本生活需要，心理因素左右购买行为的力量更为突出。心理细分往往基于消费者的动机、人格、感知、学习和态度。例如，消费态度是人们对产品和生活所持的较长期的评价、感觉及行动倾向。人们对产品态度的好坏和产品使用率有直接的关系。

（5）社会文化因素

社会文化细分一般指基于家庭生命周期、社会阶层、文化的市场细分。例如，家庭生命周期分为单身期、初婚期、生育期、满巢期、离巢期、空巢期、鳏寡期。

（6）VALS 混合细分

VALS，价值观（value）和生活方式（lifestyle）体系由美国加利福尼亚州的 SRI 国际公司开发。VALS 细分系统以 4 个人文统计问题和 35 个态度问题的回答为基础，然后根据被访者的回答将美国成年人的态度划分为 8 个群体（图 3-2-12）。

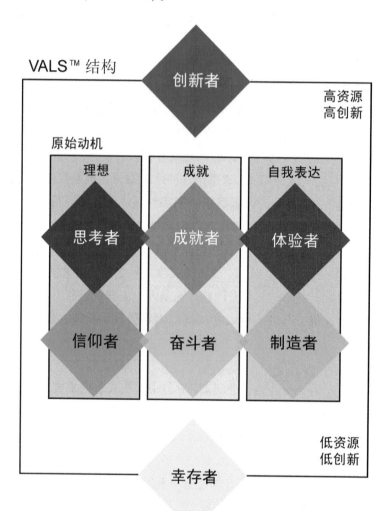

图 3-2-12　VALS 细分系统

必须注意，真正的市场细分不以分割为目的，而是以发现"未开发市场"为目的。如果不理解市场细分的这一实质，那么很容易陷入为细分而细分的陷阱，这样只会徒增产品种类，使得库存大增，生产量锐减，且会急速降低经营效率，使经营因细分而变细小。

2. 市场定位

企业在细分市场后，需要对各个细分市场进行综合评价，并从中选择出有利的市场作为市场营销对象。这种选择、确立目标市场的过程叫作市场定位。

3.3　用户调研

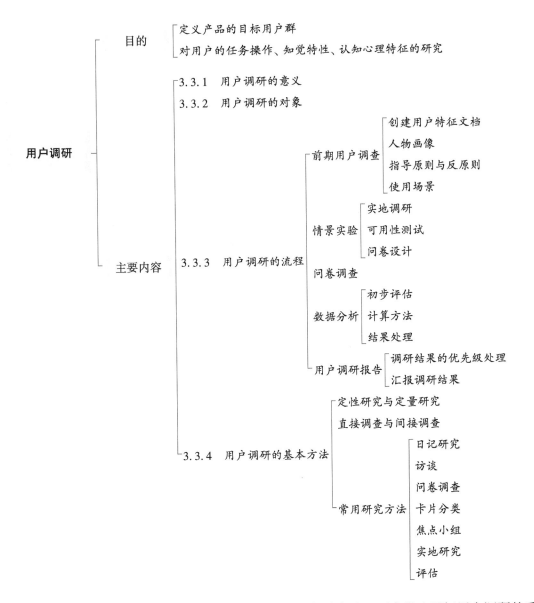

本节主要介绍了设计师进行用户调研的流程及运用的各种方法。要求学生了解用户调研的重要性，理解用户调研与产品定义、设计的关系。

用户调研是以用户为中心的设计流程中的第一步。它是一种理解用户，将他们的目标、需求与企业的商业宗旨相匹配的理想方法。用户调研的重点工作在于研究用户的痛点。用户调研的首要目的是帮助企业定义产品的目标用户群，明确、细化产品概念，并通过对用户的任务操作、知觉特性、认知心理特征的研究，使用户的实际需求成为产品设计的导向，使产品更符合用户的习惯、经验和期待。

3.3.1　用户调研的意义

在体验经济中，消费者消费的不仅是实实在在的商品，也是一种感觉，一种情绪，一种体力上、智力上甚至是精神上的体验，而产品成为唤起人们体验、经历的"道具"。这就要求工业设计师将设计的注意力由产品功能、形态、材质等要素扩展到产品的用户体验、产品与用户的互动、产品对用户生活形态的影响等方面。在不了解用户情况下设计出的产品不符合人们的使用习惯，不能满足人们的情感体验需求。因此，用户调研的深度和质量直接关系到产品设计的成败。

3.3.2 用户调研的对象

David Liddle 将由技术推动的数字化产品的用户划分为三个阶段：狂热爱好者阶段、专业用户阶段和普及消费阶段。我们在开展用户调研项目前，有些研究对象是确定的，而更多的情况下，用户调研的对象特征需要我们根据调研的进行不断深化，具体内容将在下面展开说明。

3.3.3 用户调研的流程

为调研限定适当的范围，认真规划对调研的成功来说至关重要。确定调研类型需要使用决策图（图3-3-1）。这样可以让我们在编写调研计划的过程中，更好地确定调研目标、用户和地点资料、时间安排、所需资源，并确定从谁那里获取信息，以及如何获取才会有益于公司、产品和设计。

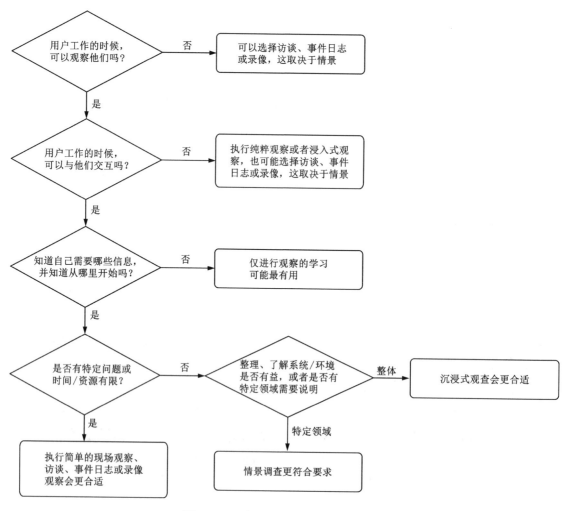

图 3-3-1　确定用户调研类型的决策图

1.前期用户调查

方法：二手资料收集、访谈法(用户访谈、深度访谈)、背景资料问卷。

目标：了解用户、目标用户定义、用户特征。

具体展开：在开展用户调研活动之前，需要评估现阶段对于用户的理解，并开始创建初步的用户特征文档、用户画像及使用场景。这些信息将有助于之后选择合适的用户调研方法来提高产品的使用体验。

(1)第一步：创建用户特征文档

在开发一款高品质的产品过程中，最重要的一个环节是了解谁是你的用户，他们的需求是什么。一般从创建用户特征开始，即一个描述用户属性的详细说明文档(如职位、经验、受教育程度、关键任务、年龄范围等)。用户特征将有助于理解产品的目标用户，在未来的用户招募中提供参考(表3-3-1)。

表 3-3-1　某旅游中介用户特征文档范例

旅游中介(主要)用户特征	
年龄	25~40 岁(平均值：32 岁)
性别	80%为女性
岗位头衔	旅游中介、旅游专家、旅游助理
工作经验	0~10 年(通常 3 年左右经验)
工作时间	每周工作 40 小时，具体工作日和工作时间依公司而定
教育程度	高中学历到本科学历(职业学校居多)
工作地点	地点不限
收入	6 万元左右
技术能力	具备一定的计算机使用经验
是否残疾	没有特殊要求
婚姻状况	单身或已婚

要创建一个完整的用户特征文档，需要考虑很多要素，调查设计时可以参考的要素见表3-3-2。创建用户特征文档是一个迭代反复的过程。你可能一开始对目标用户有一些想法，但可能不具体或者只是一个猜测。当你进行了更多的用户需求研究之后，你将获取更多的信息来填补空白。

表 3-3-2　用户特征参考要素

要素	举例
人口学特征	年龄、性别、地理位置、社会经济地位
职业信息	当前职位、工作年限、工作经验、职责等
公司信息	所在行业、公司规模
教育程度	学历、专业、修过的课程
计算机经验	计算机技能、使用年限
特定产品经验	使用竞品或特定领域的产品经验、产品使用趋势
任务	主要任务、次要任务

续表3-3-2

要素	举例
领域知识	用户对产品领域的理解
可使用的技术	计算机硬件(显示器大小、运算速度等)、软件等
态度和价值观	产品偏好等
学习风格	视觉学习者、音频学习者
错误临界性	通常指用户的错误可能导致的后果

(2)第二步：人物画像

一旦完成全面的用户特征文档，就可以着手创建人物画像(图3-3-2)。人物画像是在用户特征文档的基础上添加细节以创建一个"典型"的用户(描述产品最终用户的虚拟人物)。

与创建用户特征文档类似，人物画像也是一个迭代的过程。人物画像虽是描述产品最终用户的虚拟人物，但它的数据源自实际的用户调研，而非简单描述团队成员希望的理想用户。一个理想的人物画像会包含如下信息：

- 身份：确定姓名、年龄和其他代表用户的人口学信息。
- 状态：指出是主要用户、次级用户、三级用户还是非目标用户。
- 目标：确定用户的目标，特别是与你的产品或竞品相关的目标。
- 技能：分析用户的背景和专业技能，包括教育、培训和专业技能，不要局限在特定产品领域。
- 任务：列出用户的基本任务和重要任务，任务的频率、重要性和持续时间。
- 需求：理解用户对产品的需求。
- 期望：用户认为产品如何使用，如何在他/她的范围内整理信息。
- 图片：插入一张代表最终用户的照片。

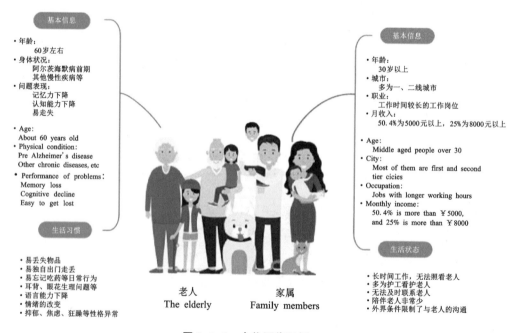

图3-3-2　人物画像示例

(3)第三步：指导原则与反原则

初步完成人物画像之后，整个团队应该通过头脑风暴的方式集中梳理所有他们希望听到用户、市场、评审人员描述产品时提及的词语，以及不希望用户、市场和评审人员描述产品时用到的词语，即指导原则与反原则(表3-3-3)。依照指导原则与反原则确定是否添加某一个功能是比较可靠的做法，它们能定性地描述产品存在的问题。

表3-3-3 TravelMyWay.com 网站的指导原则与反原则示例

原则	定义	如何测量
指导原则		
易用	用户以100%的成功率预订机票，无须培训或在线操作	可用性测试
快速	30秒内提供全部航班搜索结果	日志分析
完整	显示所有航班的机票信息	数据集
低价	与竞争对手相比，提供最低价机票	市场分析
优质	在所有旅行应用中满意度评分最高	调查
反原则		
广告	广告占比多于10%	交互界面评价
不信任感	用户不确定我们的网站是最优价格	调查
过于智能	网站在用户不知情下帮助其做出决定	可用性测试、调查
不专业	在错误信息提示或交流中出现俚语、搞笑或其他不专业的表述	交互界面评价、调查

(4)第四步：使用场景

使用场景是产品开发过程中将用户形象化的另一种方式。它可用于早期的系统评估：这个系统是否满足用户需求？是否满足目标并且符合用户使用流程？还可以通过使用场景设计"典型的一天"的视频片段。

使用场景通常包含如下内容：

- 各个用户(即人物画像)
- 任务或情境
- 用户预期的结果或任务目标
- 步骤和任务流信息
- 时间间隔
- 假定用户可能会使用的功能

在前期用户调查过程中，要考虑产品设计开发周期不同阶段的相对时间分配，同时需要注意用户不断深化的迭代特征(图3-3-3)，即一开始我们可能没有太多的相关信息来理解用户，这也是需要进行用户调研的原因，我们应该将每一次用户调研的主要发现更新到用户的初步认识中。通过开展用户调研活动，我们将收集到很多有价值的反馈，这些反馈能帮助深化用户特征、人物画像和使用场景。

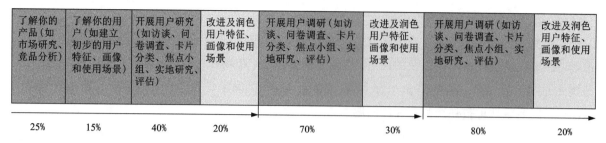

图 3-3-3　产品设计开发周期中不同阶段的相对时间分配，多次迭代的理想情况

2.情景实验

方法：验前问卷/访谈、观察法（典型任务操作）、出声思维法、实地调研、可用性测试、验后回顾。

目标：用户细分，用户特征描述，定性研究，问卷设计基础。

具体展开：

（1）实地调研

在进行用户调研过程中，可以在用户环境中进行评估，以提高调研的生态效度。这样会更加了解人们在现实世界中如何使用产品。

在准备实地调研的过程中，可使用如下的要点清单：

● 创建调研方案，确定调研目标，确定用户和场地的资料、时间安排、所需的资源及从哪获得资源并确定调研的优点。

● 调研多种类型的用户和场地。

● 进行小规模的招募，根据成功的调研增加调研范围。

● 在访问用户前得到相关方的帮助。

● 为加快数据收集，可多增加一名调研员，以获得新的视角。

● 和相关方一起确定场地、用户及其联系方式，以及进行数据收集。这样他们也参与调研，并知道部分进度。

● 如果缺乏相关领域知识，让一名产品人员跟进后续问题，或者让翻译人员进行补充。

● 制定详细的调研方案，包括调研提纲。

● 创建所需材料清单。

● 用笔记本电脑、存储盘和云盘存备份文件。

另外，在准备进行实地调研之前，需要了解可行的方法（表 3-3-4）。每个方法的目标是相同的：观察用户和收集有用的信息，这些信息包括用户完成的任务和工作环境。不同点在于收集数据的方式和可以收集的信息。

表 3-3-4　情景实验的方法比较

方法	摘要	优势	努力程度
沉浸式观察	类似于纯粹观察，但提出了要观察的重点领域和事情，使结构更加固化	结构更加固化，因此可以更深入分析数据，并比较多个调研数据	·适中的 ·一直在跟进，这可能是很累的 ·让自己成为用户（如果有可能的话），这是很有价值的，并收集记录项

续表3-3-4

方法	摘要	优势	努力程度
情景调查	采访，当学徒，并与用户一起理解所产生的数据	更为集中，更具情景依赖性	·高的 ·必须编写观察指导；成为学徒，观察用户，并与他们讨论
精简民族志访谈	使用半结构化访谈来指导观察	限定了观察范围，时间较短	·适中的 ·需要制定计划、组织访谈、观察用户和收集记录项

1）沉浸式观察

英特尔的调研人员 Teague 和 Bell 运用人类学技术开发了"沉浸式观察"这一方法，应用于实地调研。他们的方法包括结构化观察、收集记录项和成为用户。

在观察用户和环境时，可以通过创建地图的方式，标出哪里发生哪些行为。如图3-3-4所示，如果重点是机场乘客，标出乘客的位置，确定其往往会在哪里逗留。收集创建地图需要的其他记录项。最后，让自己成为用户。如果有兴趣设计在机场使用的移动 App，使用每个可用的移动 App 办理登机手续，通过这个过程，有助于深入了解用户实际经历了什么。

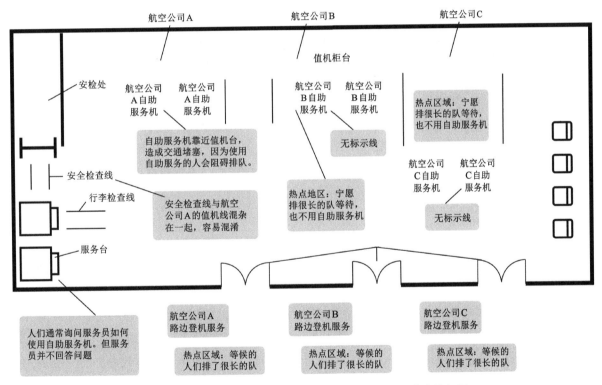

图3-3-4 机场信息服务亭调研地图（标注热点区域和存在的问题）

2）情景调查

与纯粹观察不同，在情景调查中，用户知道你的存在，并成为调研的合作伙伴。在结束时，检查可执行的项目，开始设计产品，准备下一个用户调研活动（例如可用性测试、调查问卷），或准备领域的创新和未来的研究。情景调查包含以下内容。

①编制观察提纲。可以参考图3-3-5所列的问题，建立观察提纲。该图包含了常规的关注点或问题，以指导观察，寻找用户的痛点或挫折的来源，但不包含具体的问题。

- 观察提纲：收集旅游App
- 问题：
  - 一起旅游的人的交互行为（例如，把包递给另一个人拿着）
  - 旅游团之间的交互行为（例如，排队等候时寻求信息）
  - 使用手机App的时间长度
      寻找预定
      值机
      注意行李（如果有的话）
  - 个人交互类型
      值机失败导致的问题
      检查行李
      在安全检查线处
  - 忙碌和缓慢阶段

图3-3-5 旅游App观察提纲的部分内容

②情景。与单个参与者一起，从观察他的行为开始。目标是收集正在进行的和单独的数据点，不对参与者的工作方式进行总结或抽象描述。最好有两个调研人员，一个记录，另一个访谈，并且能够快速互换角色，这样可以提高数据收集的质量。调研人员可以要求参与者使用出声思维法，或者可以让参与者回答问题，甚至可以在参与者完成任务后再提问题。总之，调研人员的选择应该取决于环境、任务、目标和用户。

③合作。在这段时间内，要避免专家—新手、采访者—被采访者、客人—主人三种关系的不和谐发展，因为这不利于公正收集数据。

④专注。在整个过程中，要保证调研集中在感兴趣的领域内。编制观察提纲后，整个过程中都要参考这个提纲。

3）精简民族志访谈

基于专家公认的认知科学模型，精简民族志访谈采用其标准并着重于半结构化访谈。询问首次接受采访的用户如何完成一项任务，以及围绕工作产生的其他信息。之后观察用户如何完成任务，使用哪些流程和记录项，并收集记录项进行讨论。调查人员使用一组标准的问题，而不是一般的观察提纲，专门针对感兴趣的问题设计，以指导访问，须注意保持问题的灵活度。

这种方法与情景调查的"自下而上"形成对比，它的特点是"自上而下"。访谈形成了一个总体框架，观察范围来源于访谈提纲。采用这一方法花费的时间比上面所描述的其他方法要少得多，但它限制了数据收集力度，因为访谈框架限定了观察范围。

至此，已经有了一堆的访问总结表、笔记和记录项。图3-3-6是根据一系列虚构的TravelMyWay App焦点小组调研结果产生的亲和图。方框中的便笺记录了参与者的回答。不同的颜色代表不同的参与者。当参与者做了类似的评论时，便笺便被堆叠在彼此的顶部。

（2）可用性测试

可用性测试指最终用户在有代表性的场景里尝试使用产品完成一个或一系列任务，调研人员对上述过程进行系统性观察。在调研中，参与者边与产品（例如纸质原型、低或高保真的原型、发布的

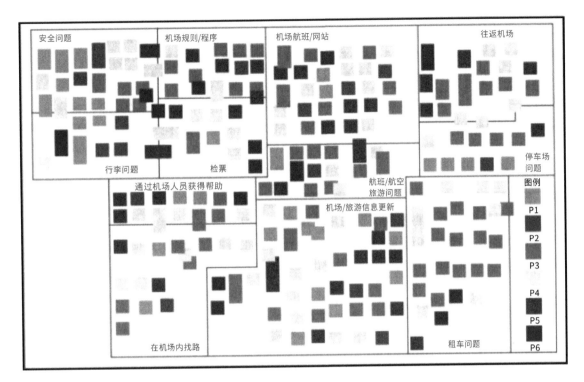

图 3-3-6　虚构的 TravelMyWay App 焦点小组亲和图

产品)互动,边使用出声思维法(指参与者在完成任务过程中,说出他们在想什么)。对用户的行为参照以下指标进行评估:是否完成任务、做任务的时间、转换率等。给参与者展示相同的产品,并要求完成相同的任务,以尽可能多地确定可用性问题。

1)眼动跟踪

在实验室调研中,可以使用眼动追踪仪这类特殊设备。参与者的目光停留在某个点上的时间越长,表明该地区越"热",用红色表示。当较少的参与者看一个区域或看的时间越短,表明该区域越冷,用蓝色表示。没有人看的地方用黑色表示。通过了解人们在哪寻找信息或功能,可以了解参与者是否发现和处理某个项目。如果参与者的眼睛不在界面的某个区域停留,则说明他们并不关注那个区域。这些信息可以帮助你决定是否需要改变设计,让产品更容易被发现。

2)启发式评估

3~5 名 UX 评估人员(指经过启发式训练的人员,不是最终用户或主题专家)单独评估产品并走查一组核心任务,找出违反启发式原则的地方。之后,评估人员聚到一起,结合所有的评估形成一个总结报告,阐述发现的问题。Nielsen 的启发式原则如下:

①系统状态的可见性。让用户了解系统的状态,并在合理的时间内给他们反馈。

②系统与现实世界的匹配。使用用户熟悉的术语和概念,按逻辑顺序展示信息,并遵循现实世界的惯例。

③用户控制和自由度。允许用户控制系统中发生的事情,并能够返回到以前的状态(如撤销)。

④一致性和标准。产品要保持一致性。

⑤错误预防。最大程度地避免用户出错。出错后,让用户很容易看到错误。

⑥识别而不是记忆。不要强迫用户依靠自己的记忆来使用系统。必要时,让选项和信息可见或

容易获取。

⑦使用灵活和高效。专家、用户可以使用快捷操作,允许用户自定义系统常用功能。

3)认知走查

启发式评估是从整体上看产品或系统,而认知走查是基于特定任务。人们试图通过完成任务来了解系统,而不是先阅读操作说明。对产品来说这是理想的,意味着可以走查和使用它(没有培训的需要)。

4)A/B测试

在A/B测试(图3-3-7)中,一部分用户看见版本A,另一部分用户看见版本B,并通过日志分析,对性能进行比较。A和B可以是对现有产品的改进,也可以是两个全新的设计。多个版本遵循相同的原则进行并行测试。

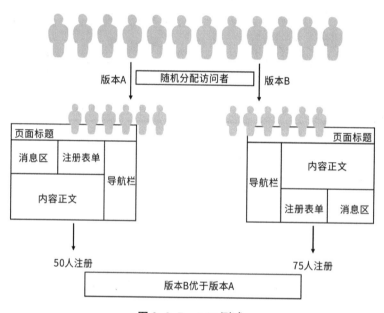

图3-3-7 A/B测试

在可用性测试中,可以考虑下面几个指标,并将其收集在总结性评价里:完成某个任务的时间;错误的数量;任务或调研中犯的错误;完成率;成功完成任务的人数;满意度;在调研结束时,参与者从整体上对任务或产品的满意程度;页面浏览量和点击量。当然,最佳路径可能不是用户首选的路径。网站分析数据会告诉你用户在做什么,而不是为什么这样做。

(3)问卷设计

关于问卷调查,在工作流程中最大的错误认知就是盲目追求速度。问卷调查是一项极具价值的用户调研方法,其正确地执行需要花费很多时间。确定研究目标之后,需要精心进行问卷设计,并反复推敲问卷中的问题。

1)问题和测量指标

问题和测量指标应该根据研究目标进行设置,通过与其他利益相关者讨论问题优先级来确定最迫切需要的信息,剔除那些可有可无或出于好奇而设置的问题。这里建议使用表格工具管理项目。表3-3-5展示了使用表格管理项目的研究目标和问卷问题。虽然表格内容还处于草案阶段,但利用表格可以有效梳理研究目标和问卷问题之间的逻辑对应关系,避免问题设置重复及偏离目标。

表 3-3-5　表格工具范例

研究目标	测量指标	问卷问题	问题选项
持续追踪用户满意度变化情况	满意度	你对某款 App 的满意度如何？	李克特 7 点量表
获取用户对新功能的反馈	使用情况	你对"日程安排"这个新功能的使用频率如何？	从没用过 用过一次 一次以上
	满意度	你对"日程安排"这个新功能的满意度如何？	李克特七点量表
	开放式反馈	你对"日程安排"这个新功能有哪些看法？	开放式回答
了解回复者的群体特征	使用频率	过去六个月你使用过几次该产品？	0 次 1 次 2 次 3 次以上

2）问题题型

封闭式问题的三种主要形式是多项选择题、评分量表和排序量表。研究目标不同，适用的问题形式也不同。用三种形式收集的数据都可以进行定量分析。

3）评分量表

问卷调查可以包含各种量表，李克特量表（Likert scale）是最常用的评分量表。斯坦福大学的 Jon Krosnick 通过长期的实证研究确定了李克特量表是最理想的选项数量、表述方式及设计方式，以此优化量表信度和效度。

单极结构指选项描述的程度从 0 到最大，典型量表形式是 5 点量表。单极结构常用于测量可用度、重要性及程度变化。建议使用的量表刻度结构是"特别不……、有点……、比较……、非常……、特别……"。

双极结构指选项描述的程度为极端—缓和—极端，结构为两头极端、中间平缓，典型量表形式是 7 点量表。双极结构常用于测量满意度。建议使用的量表刻度结构是"特别……、比较……、有点……、无所谓……、有点……、比较……、特别……"。

表 3-3-6 是标准的李克特量表范例。

表 3-3-6　李克特量表范例

你对某款产品体验的总体满意度如何？						
1	2	3	4	5	6	7
特别不满意	比较不满意	有点不满意	无所谓	有点满意	比较满意	特别满意

3. 问卷调查

方法：单层问卷、多层问卷；纸质问卷、网页问卷；验前问卷、验后问卷；开放型问卷、封闭型问卷。

目标：获得量化数据，支持定性和定量分析。

具体展开：将设计的问卷进行线上或线下发放。在进行正式的问卷调查之前，可以采取预先小范围的问卷发放，以确保调查结果更加准确可靠。

4. 数据分析

方法：单因素方差分析、描述性统计、聚类分析、相关分析等数理统计分析方法。

目标：用户模型建立依据，提出设计建议和解决方法的依据。

具体展开：数据收集工作完成后，进入数据分析阶段。如果之前进行过预测试，应该在数据分析阶段做好准备。

（1）初步评估

第一步要将数据转换为电子文档（在线问卷可省略此步）。将数据录入进表格文件或.csv文件，并附上问卷调查的元数据，例如，研究人员姓名、调查执行时间、使用的调查样本、样本筛选标准等。录入完成后，需要复核数据，找出其中的异常点。

（2）计算方法

本书讨论最常用的封闭式数据分析方法。这类数据分析方法都很简单，这里仅做简要描述，必要时会辅以图表帮助理解，以便对这些方法的内容和使用前提有基本的了解。

1）描述性统计

可运用以下测量指标描述总体样本，这些测量指标的计算对于封闭式问题的分析非常重要，可使用常规统计软件或表格作为计算工具。

- 一般性测量

平均值：指所有数据之和除以数据点的个数。其表示数据集的平均大小。

中位数：指将数据集分为相等两部分的数据点。一个数据集中最多有一半的数值小于中位数，也最多有一半的数值大于中位数。可通过中位数判断数据集是否为典型的偏态分布。

众数：指一组数据中出现次数最多的数据点。众数是判断数据集是否为极端偏态分布的最好指标。

最大值和最小值：指一组数据中最大和最小的两个数据点。

- 离中趋势测量

离中趋势：指数据集中各数值之间的差距和离散程度。

极差：极差等于最大值减去最小值。其表明数值变动范围的大小。

标准差：标准差用来计算平均值分散程度。标准差越大，则参与者的反馈差别越大。

频率：指每个选项被选中的次数。问卷分析时最常用的计算指标。将频率转化为百分比并通过图表展示，能很好地说明研究结论。

- 相联度量

相联度量用以确定问卷中两变量间的关系。

比较：比较相同选项在不同条件下的占比关系。比如询问人们是否在线预订过酒店，结论是73%的人预订过，27%的人没有。现在想分别确定这73%和27%的人租车服务的预订情况。将这些数据进行对比，并使用图表清晰地表明它们之间的关系（图3-3-8）。制作图表时可以灵活运用数据透视表功能辅助分析。

相关性：测量两个变量间的相关度。需要注意的是相关性并不代表某种因果关系（即酒店特价并不是人们预订酒店的原因）。相关性的统计指标是相关系数，用以反映变量之间相互关系的强弱，

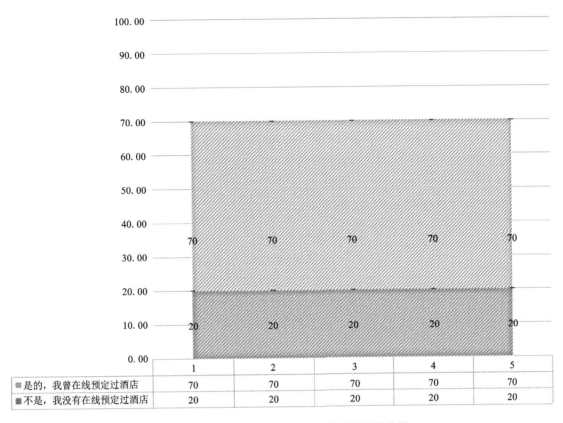

	1	2	3	4	5
▨ 是的，我曾在线预定过酒店	70	70	70	70	70
▨ 不是，我没有在线预定过酒店	20	20	20	20	20

图 3-3-8　在线预订酒店/租车服务百分比图

取值范围为[-1，+1]。相关系数为正则说明两变量为正相关，数值越接近 1，两变量相关程度越高。正相关是指两变量的变动方向相同，负相关是指两变量的变动方向相反。

2）推论统计

推论统计是指根据样本数据去推断总体特征的方法。进行推论统计前，首先要对样本数据进行显著性检测（即确认研究结果的产生不随机或不由抽样误差导致）。这一过程主要通过 T 检测、卡方检测和方差分析完成。其他常见的推论统计法还有因子分析和回归分析。这里仅列举上述几种。如某公司正在考虑是否保留实时聊天功能，需要进行问卷调查明确用户需求。调查内容包括调查实时聊天功能与使用满意度、使用意愿是否显著相关。这时需要使用推论统计。

（3）结果处理

问卷调查的研究结果可能极其丰富，要注意将研究结果尽可能图像化，如使用表格、饼状图等形式，达到一目了然的效果。

5. 用户调研报告

方法：定性描述、总结归纳。

目标：记录你的发现和归档详细数据、提出设计建议、建立用户特征模型等，以方便将来参考。

具体展开：

（1）调研结果的优先级处理

很显然，不能给利益相关方一个 400 名用户需求的列表，会导致他们不知道从哪里开始。必须对调研结果进行优先级排序，然后根据优先级提出建议。接下来会着重列举优先级排序的活动，这些活动分为两个阶段处理优先次序问题。

第一阶段：从可用性角度进行优先级排序。

使用指南将帮助我们确定某功能的优先级是否为"高""中""低"（表3-3-7）。需要注意的是，如果某需求符合多个优先级评定级别，那么它通常被评定为最高级别。另外，还需要根据不同专业领域修改这些准则，使其更加严格。

表3-3-7　优先级排序指南

级别	高	中	低
解释	·发现/需求是极端的，如果不处理它，大多数用户使用产品时操作困难，并有可能导致操作失败（例如，数据丢失） ·发现/需求帮助用户完成工作，突破现有思维 ·发现/需求影响很大，频繁出现 ·发现/需求范围很广，有依赖关系或者有底层基础架构问题	·发现/需求适中，如果不处理它，某些用户使用产品时操作困难 ·发现/需求是一个创新，将帮助用户更好地完成他们的任务 ·如果没有所需的功能，大多数用户完成工作时会感到沮丧和困惑（但不是不能完成工作）。 ·发现/需求范围并不是很广，若没有可能会影响其他任务	·如果没有这个发现/需求，少数用户会感觉操作困难 ·这个发现/需求影响很小 ·发现/需求范围小，如果没有它，不会影响其他任务 ·它不是用户的真正需求

第二阶段：综合考虑可用性，产品开发进行优先级排序。

在理想状态下，我们希望产品开发团队首先处理高优先级的问题，然后是中优先级的问题，最后是低优先级的问题，通过这种顺序来改善产品。然而，一些现实因素（如预算、合同规定、资源的可用性、技术的限制、市场的压力和产品交付的最后期限等）经常阻碍产品开发团队执行优先级建议。因此，应了解实施建议的价值和限制产品开发的成本。这样不仅确保必要的建议被采纳，还可以在团队中获得盟友。

让产品开发团队考虑优先级建议并纳入成本中，这是很重要的一步。比较优先级建议和实现成本，从而产生成本效益图。图3-3-9显示了焦点小组旅行的成本效益。横轴代表从可用性角度来看调研结果的重要性（高、中、低），而竖轴代表产品开发团队的困难或成本（1和7之间的等级）。可以把建议放到四个象限中。与产品开发团队一起来创建成本效益图，可以给他们提供一个可行的计划。

● 高价值的。该象限包含高影响的问题/建议，成本最低很容易实现。这一象限的建议提供了最大的投资回报，应首先实施。

● 至关重要的。该象限包含高影响的问题/建议，实现起来比较困难。虽然需要重要的资源，但对产品和用户的影响很高，团队应该接下来解决该部分的问题/建议。

● 有针对性的。该象限包含影响较小的问题/建议，实现成本较低，对产品开发团队很有吸引力，可以称为"容易获得的果实"。在解决上面两个象限的建议时，可以顺带解决掉本象限的问题。

● 奢侈的。该象限包含低影响的问题/建议，实现比较困难。这个象限提供最低的投资回报，只有完成其他三个象限的问题/建议后，才能解决这些问题。

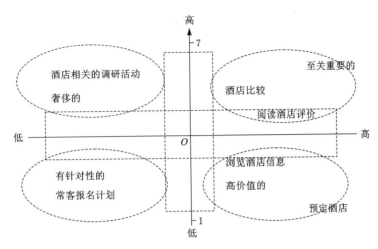

图 3-3-9 成本效益图

（2）汇报调研结果

到目前为止，已经执行了调研，分析了调研结果，并向团队提出了建议。现在需要以书面形式对调研结果进行交流和存档。

报告的形式应基于听众的需要。完整的报告应是最详细的，包含行政纲要、背景资料、方法、结果、结论。理想情况下，每个用户调研活动都需要提供完整的报告，应该全面地描述活动的所有方面（例如，招聘、方法、数据分析、建议、结论等）。一份完整的报告应至少包含以下部分。

● 行动纲要

在行动纲要里，读者应该能明白本次调研将做的事和最重要的发现。关键要素包括：描述执行的方法、调研目的、调研的产品和版本号、对参与者的高度概括、对调研结果进行高度总结。

● 背景资料

应提供有关产品或相关领域的背景资料。关键要素包括：调查的领域/用户类型是什么？问题/产品的用途是什么？在过去对该产品进行过调研吗？什么时候进行的？有谁参加？等等。

● 方法

详细描述调研的细节。参与者：谁参与了调研？有多少参与者？是如何招募到他们的？他们的职称是什么？个人怎样才能达到参与要求？材料：使用什么材料来进行调研？（例如，调查问卷、卡片。）程序：详细描述调研的步骤，如：调研在哪里举行？多长时间？如何收集数据？等等。重要的是要披露调研的任何缺点。

● 结果

该部分应阐述调研结果和建议。最好以总结性段落开始，用几个段落总结调研发现，像是一个"迷你"摘要。结果展示需要结合研究目标阐述结果的含义和局限性。如果研究结果无法定论、可能发生变化或无法代表真实的用户群体，则需要明确说明。

● 结论

为读者提供调研的总结并指出下一步要做什么：这种信息有助于产品吗？你希望团队使用数据做什么？对后续会议有什么计划或建议？对数据的使用有限制吗？

3.3.4 用户调研的基本方法

（1）定性研究与定量研究

定性是指获取的数据包括丰富的口头描述，而定量是指获取的数据是数字化的，并且可以按照标准的度量单位进行测量。定性数据，例如开放性的访谈问答，偶尔也可以被定量化。例如，你可以通过文本分析的方法来获取用户在表达的时候某一个词、短语或主题出现的频次。定性研究与定量研究的区别见表3-3-8。

表 3-3-8 定性研究与定量研究的区别

	定量研究	定性研究
研究目的	证实普遍情况，预测寻求共识	解释性理解
研究内容	事实、变量	事件、过程、意义、整体探究
研究层面	宏观	微观
研究问题	事先确定	在过程中产生
研究设计	结构性的、事先确定的、比较具体	灵活的、演变的、比较宽泛
研究手段	数字、计算、统计分析	语言、图像、描述分析
研究工具	量表、统计软件、问卷、计算机	研究者本人、录音机等
抽样方法	随机抽样，样本较大	目的性抽样，样本较小
资料收集方法	封闭式问卷、统计表、结构性观察	开放式访谈、观察分析
资料的特点	量化的资料、统计数据	描述性资料等
分析框架	演绎法、量化分析、收集资料之后	归纳法、寻找概念和主题、贯穿全过程

（2）直接调查与间接调查

直接调查，即为了自身需要进行的有针对性的、个别的、具体的调研。

间接调查，在已完成的不同项目的调研结果或者公开出版、发布的资料中获得数据、样本、资料进行研究。

（3）常用研究方法

作为一名用户调研人员，主要工作是在成本、正确性、代表性等之间做好权衡，并且在呈现研究结果和建议的同时呈现这些权衡的过程。因此，选择正确的研究活动来满足需求，同时深谙每种研究方法的优势和劣势是非常重要的。表3-3-9中列出了7种研究活动，同时总结了每种研究活动的使用目的及优劣势。本书选择这些方法出于两个原因：第一，每一种方法为描绘用户提供了不同的片段。第二，单独或混合使用这些方法，可以回答或解释大部分用户调研的问题。这7种研究方法中，一些方法对时间和资源的要求较高，但可以提供非常丰富和有深度的数据。另外一些研究方法快捷且成本低，可以即时给出答案。每一种研究方法可以提供不同的数据来帮助优化产品或服务的开发。

表 3-3-9 用户调研基本方法

方法	目的	理想的研究需求/目标	优势	劣势
日记研究	就地收集数据；通常持续一段较长的时间	·从一个大样本中收集纵向数据； ·从一个大样本中收集结构性的定量数据； ·获得统计意义上的显著性； ·了解一些可能被忽略的低频任务或事件或用户的自然行为	·收集过程中用户调研人员无须出现； ·问题通过文字呈现，无长时间延迟	·数据可能需要手动输入或编码； ·参与者可能选择不提供一些你认为有价值的数据
访谈	通过用户自己的语言收集较深入的信息	·收集关于用户态度、信念、感受和情感化反应的信息； ·收集细节，以及深入的回复； ·了解用户不愿意在小组中公开分享的关于敏感话题的信息	·对话形式让参与者感到放松； ·参与者可以深入思考并用自己的语言回答关于某个话题的问题； ·在一些感兴趣的话题上，你可以追问一些问题来获取细节信息	·分析音频或转录的数据会花费非常多的时间，特别是问题和回答是非结构性的时候； ·需要花费非常多的时间进行访谈以保证数据可以代表整个群体
问卷调查	通过结构化的格式，从一个大样本中快速收集自我报告的数据	·通过大样本获取结构性的定量数据； ·统计意义上的显著性	·同时从大量用户处收集信息； ·结构化的数据让整理变得快速和简单； ·相对经济	·很难创建一个可以引出参与者感兴趣的好问题； ·必须预先测试所有的问题； ·不能设置过多的开放性问题，否则会降低填答率； ·没机会追问感兴趣或出乎意料的发现
卡片分类	确定用户如何组织信息	·了解用户如何组织概念； ·基于用户心智模型驱动产品信息架构优化； ·获取关于产品内容、术语和组织的反馈	·相对容易上手； ·如果分组或在线上进行，可以经济地从若干用户处同时收集数据	·除非结合另一种方法(如访谈)，否则不能了解参与者信息分组的原因
焦点小组	了解小组成员的一致态度、意见和印象；了解组内不一致的意见	·了解一个群体如何思考和讨论一个话题； ·回答先前定量研究中提出的关于"为什么"的问题，从而确定针对新老问题解决方案的可行性	·从若干用户处同时收集数据； ·小组讨论通常激发新的想法； ·为追问一些感兴趣的问题提供足够的机会	·不适合测量态度出现的频率和用户个人偏好； ·不适合探索敏感话题； ·数据分析耗时较多

续表3-3-9

方法	目的	理想的研究需求/目标	优势	劣势
实地研究	深入了解用户需要完成的任务和情景	·收集用户行为，不要求用户描述相关的问题； ·了解用户是如何工作或操作的，即完成任务的情景，以及支持任务的工具； ·收集一些已经成为自动化并因此很难自主报告的行为	·可以观察人们实际是如何操作的； ·可以看到用户的实际环境； ·可以收集丰富的数据	·可能在一个不平常的日子拜访客户，导致对"日常"时间的错误理解； ·通常不太可能进行足够的访谈以保证数据具有足够的代表性
评估	基于待定的标准评估设计	·基于易用性和可能发生的错误来评估现有的设计； ·决定产品是否符合可用性标准（如完成任务的时间、完成任务中产生的错误）； ·收集一些已经成为自动化并因此很难自主报告的行为	·对于进行一些可以极大影响使用效率和错误数量的小修改非常有效； ·只需要相对较少的用户参与就可以获取可以产生效果的有用数据	·由于这一步（评估/可用性测试）已经接近产品开发周期的末端，改变研究结果可能很难推动落地

3.4 专利知识与专利检索

本节主要介绍了专利的基本知识与检索方法。要求学生了解专利的概念，初步掌握如何进行产品领域的专利申报，以及初步理解专利对判断竞争对手的技术研发目标与方向趋势研究的重要性。

3.4.1 专利的概念

专利（patent）从字面上是指专有的权利和利益。"专利"一词来源于拉丁语 litterae patentes，意为公开的信件或公共文献，是中世纪的君主用来颁布某种特权的证明，后来指英国国王亲自签署的独占权利证书。

在现代，专利一般是由政府机关或者代表若干国家的区域性组织根据申请而颁发的一种文件，这种文件记载了发明创造的内容，并且在一定时期内产生一种法律状态，即在一般情况下他人只有经专利权人许可才能使用获得了专利的发明创造。在我国，专利分为发明、实用新型和外观设计三种类型。

专利文献作为技术信息最有效的载体，囊括了全球90%以上的最新技术情报，比一般技术刊物所提供的信息早5~6年，而且70%~80%的发明创造只通过专利文献公开，并不见诸其他科技文献。相对于其他文献形式，专利更具有新颖、实用的特征。可见，专利文献是世界上最大的技术信息源。另据实证统计分析，专利文献包含了世界科技信息的90%~95%。

3.4.2 专利的种类

专利的种类在不同的国家有不同规定。我国的专利法中规定专利有发明专利、实用新型专利和外观设计专利三种。

1. 发明专利

《中华人民共和国专利法》第二条第二款对发明的定义为："发明，是指对产品、方法或者其改进所提出的新的技术方案。"主要体现新颖性、创造性和实用性。取得专利的发明又分为产品发明（如机器、仪器设备、用具）和方法发明（制造方法）两大类。

所谓产品发明是指工业上能够制造的各种新制品，包括有一定形状和结构的固体、液体、气体之类的物品。所谓方法发明是指对原料进行加工，制成各种产品的方法。发明专利并不要求它是经过实践证明可以直接应用于工业生产的技术成果，它可以是解决技术问题的一个方案或是一种构思，具有在工业上应用的可能性。这种方案或构思与提出课题、设想是不同的，因为这些课题、设想不具备工业上应用的可能性。

2. 实用新型专利

《中华人民共和国专利法》第二条第三款对实用新型的定义为："实用新型，是指对产品的形状、构造或者其结合所提出的适于实用的新的技术方案。"同发明专利一样，实用新型专利所保护的也是技术方案。但实用新型专利保护的范围较窄，它只保护有一定形状或结构的新产品，不保护方法以及没有固定形状的物质。实用新型的技术方案更注重实用性，其技术水平较发明而言要低一些。因此，关于日用品、机械、电器等方面的有形产品的小发明，比较适用于申请实用新型专利。

3. 外观设计专利

《中华人民共和国专利法》第二条第四款对外观设计的定义为："外观设计，是指对产品的整体或者局部的形状、图案或者其结合以及色彩与形状、图案的结合所作出的富有美感并适于工业应用的新设计。"第二十三条对授权条件进行了规定："授予专利权的外观设计，应当不属于现有设计；也没有任何单位或者个人就同样的外观设计在申请日以前向国务院专利行政部门提出过申请，并记载在申请日以后公告的专利文件中。"相对于以前的专利法，最新修改的专利法对外观设计的要求提高了。

外观设计专利与发明专利、实用新型专利有着明显的区别。外观设计专利注重的是设计人对一项产品的外观所做出的具有艺术性、富有美感的创造，但这种具有艺术性的创造，不是单纯的工艺品，它必须具有能够为产业所应用的实用性。外观设计专利实质上是保护美术思想，而发明专利和实用新型专利保护的是技术思想；虽然外观设计专利和实用新型专利与产品的形状有关，但两者的目的却不相同，前者的目的在于使产品形状产生美感，而后者的目的在于使具有形态的产品能够解决某一技术问题。例如一把雨伞，若它的形状、图案、色彩相当美观，那么应申请外观设计专利；如果雨伞的伞柄、伞骨、伞头结构设计精简合理，可以节省材料又有耐用的功能，那么应申请实用新型专利。

3.4.3 专利的检索

专利检索方式是指人们检索专利信息时所采用的手段。

在检索时，首先要以某一专利的信息特征(或称为专利文献特征)为检索依据，然后选择按照该专利信息特征编制的检索工具书进行检索。主要的检索依据包括专利分类号、专利权人、专利文献号、专利申请号、主题词、化学式、专利公布的日期等，专利信息系统决定了人们的检索方式。

1. 中国国家知识产权局专利检索

(1)字段检索

系统提供了16个检索字段，用户可根据已知条件，在16个检索入口中做选择，可以进行单字段检索或多字段限定检索。每个检索字段均可进行模糊检索，"%"(必须使用半角格式)代表一个任意字母、数字或汉字；可使用多个模糊字符，且可在检索字符串中的任何位置，首位置可省略。

(2)IPC分类导航检索

IPC分类导航检索即利用IPC分类表中各部、大类、小类，逐级查询到感兴趣的类目，点击此类目名称，可得到该类目下的专利检索结果(外观设计除外)。IPC分类导航检索同时提供关键词检索，即在选中的某类目下，在发明名称和摘要等范围内再进行关键词检索，以提高检索的准确性。

2. 中国专利检索

中国专利检索是一种检索专利文献十分有效的工具书，分《分类年度索引》和《申请人、专利权人年度索引》两种。其涵盖中华人民共和国成立以来所有专利全文和最新公布的专利全文，提供按关键词搜索、高级专利检索、简单检索、表格检索、IPC专利检索、同义词表专利检索等功能，申请人和发明人历年所有专利；专利代理公司和代理人的所有经手专利，以及法律状态、同族专利等，是情报工作者和普通用户进行专利查询、专利检索和专利分析随需随用的好伙伴。

随着全球竞争的不断激化，各国对知识产权的保护日益严密，跟踪、研究、分析竞争对手的专利发明已成为获得竞争优势的一个重要手段。

通过对竞品公司的专利的数量和种类的分析，可以了解竞品公司对某项技术的兴趣和投入，以及其愿意继续进行探索的程度。虽然专利本身提供了技术和科学信息，但它们只是一些基本信息，如发明者、申请人、颁发日期、摘要、说明书和图纸等。只有对这些基本信息进行深层次分析，才能得到更有价值的扩展信息，如技术信息、产业发展现状、技术发展的背景信息、对发明的详细描述、正在从事这些尖端工作的人员、处在技术前沿的国家、专利开发的时间长短、从研究开发到商业化的时间长短、重要性正在上升和下降的技术有哪些、从事类似研究或生产同样产品的公司之间的关系等。

下面是专利检索及分析的几个方面：

根据专利的时间与数量判断竞争对手的技术研发目标与方向；

根据专利申请成功率了解对手技术发展的进度；

根据国外专利申请数量判断对手涉及国际市场的深度与广度；

若竞争对手收购了其他领域的技术专利，意味着其要向该领域拓展；

通过与对手的专利数量与种类进行对比，了解竞争对手的技术特点与实力，以及自己的优势及劣势。

3.5 趋势研究

本节主要介绍了设计师进行社会文化趋势研究和设计趋势研究时运用的各种方法,要求学生理解趋势研究的重要性,了解社会文化的构成及其与产品的关系,初步掌握社会文化研究和社会文化趋势研究的方法,熟练掌握设计趋势研究的方法。

3.5.1 社会文化趋势研究

(1)文化与产品

产品不是孤立地存在的,总是在一定环境下被消费者使用并传达着自身对消费者的意义。因此,产品的使用和意义受到社会文化环境的影响和制约。

(2)社会文化的构成与层次

社会文化是社会成员习得的价值观、信念和规范的总和。价值观是社会成员评价人、事、物以及对目标做出选择的准则,一般分为三类:他人导向价值观、环境价值观和自我导向价值观。社会文化一般可以分为两个层次:主文化和亚文化。亚文化可以分为民族亚文化、宗教亚文化、地理亚文化、性别亚文化、年龄亚文化等。

(3)社会文化研究

设计师进行社会文化研究的常用方法:跨文化比较法、族群观察法、相机日志法。

①跨文化比较法是指将不同文化(亚文化)下的个人或者文献资料、图片放在一起进行比较,从而揭示文化差异及其产生的行为或产品的差异(图3-5-1)。

②族群观察法又称民族志法,设计师应该融入文化(亚文化)群体,花时间与其相处,获取他们的信任,了解他们的栖居习俗,观察并记录其特有的活动(图3-5-2)。

③相机日志法指用拍摄图片或视频的方式来记录个人的生活,重点记录与产品相关的环境和活动(图3-5-3)。

(4)社会文化趋势研究方法

设计师需要在社会范围内对艺术、服装、室内、建筑、汽车、产品、电影、传媒、新媒体、音乐和食品等领域的发展进行追踪研究。这些领域的变化影响着产品在未来的视觉和行为导向。飞利浦设计称这种方式为"文化扫描",其通过这种方式确定主要的社会文化趋势,并在实际项目中运用了这些趋势以作为出发点和参照。

图 3-5-1　跨文化比较法

图 3-5-2　族群观察法

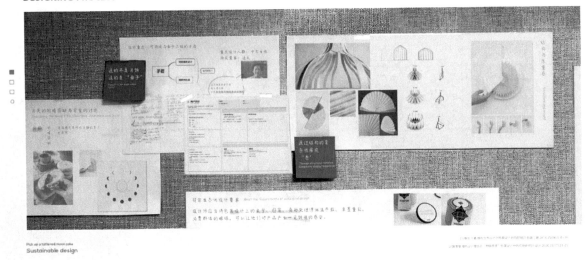

图 3-5-3 相机日志法

3.5.2 设计趋势研究

设计师在研究设计趋势时,需要收集设计相关领域最新发布的前沿产品,通过对设计元素的分析归纳,获得对审美、视觉方面流行趋势的总体印象。

(1)流行生命周期

流行生命周期可以分为引入阶段、接受阶段和衰退阶段(图 3-5-4)。

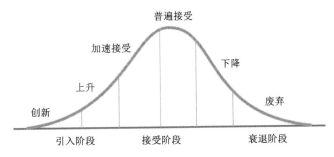

图 3-5-4 流行生命周期

(2)设计趋势研究方法

社会流行趋势影响设计趋势。如果社会文化趋势很明朗,有经验的设计师容易从中把握设计趋势。但现实往往没这么简单,需要设计师综合考虑各种因素。

流行元素在视觉设计领域是相互影响的,因此设计师在捕捉流行时,不能仅仅局限在自己的专业范畴,而应该多关注相关领域。

制作设计趋势拼图(图 3-5-5)时,设计师需要选择不同的分类。可以按照设计类别如服装、建筑、家具、交通工具、电子产品等来分类,也可以按照设计元素如造型、细节、色彩、材质、纹理、标志等来分类,还可以按照关键词来分类(先从资料图片中提取关键词,然后将关键词分组归类,近似的或者同一方向的归为一类并加以概括)。

图 3-5-5 设计趋势拼图

🎣 **思考与练习**

1. 产品/品牌调研

要求:选择一类商品或一个品牌,运用产品市场调研的方法和信息图对其进行市场调研,了解其当年的市场、销售和主打产品情况,主要竞品或竞争品牌的情况,并以信息图的形式完成调研报告。

2. 社会文化趋势研究和设计趋势研究

要求:(1)关注当年我国社会文化领域的热点事件、文化传播内容、具有一定影响力的设计活动或艺术活动,收集权威机构发布的行业报告和数据统计,收集相关图文资料,以拼图形式进行展示,并深入分析,用一系列关键词来概括其明显或潜在的共性特征,制作社会文化趋势拼图;(2)关注视觉领域(建筑、环境、服装、产品、平面、交互等)中最新出现的前沿设计作品、设计风格发展与变化,提炼关键词,并分类进行整理,制作设计趋势拼图。

第四章 通用设计方法

◇ **本章要点**：了解并掌握通用设计方法。

◇ **学习重点**：掌握情境地图、文化探析、用户观察、焦点小组、思维导图、SWOT分析、人物角色、故事板等设计方法，并能够在具体的设计项目和环节中灵活运用。

◇ **学习难点**：运用用户观察和SWOT分析方法进行科学研究分析，掌握不同设计方法在不同设计流程中的作用。

章节内容思维导图

	4.1 情境地图	概述 作用 绘制流程
	4.2 文化探析	引导参与者了解自己的启发性工具 组成部分：明信片、地图杂志、各种文本和图像等 比尔·盖沃尔案例 根据当地文化探索设计可能性
	4.3 用户观察	概述 类型 用户观察前的准备流程 注意事项 其他用户研究方法
	4.4 焦点小组	概述 分类 调查步骤 注意事项 与深度访谈的不同点比较 适合研究的主题类型
第四章 通用设计方法	4.5 思维导图	概述 如何做思维导图 应用场景
	4.6 SWOT分析	SWOT分析模型简介 SWOT分析模型的基本概念 SWOT分析步骤 成功应用的简单规则 SWOT分析模型的局限性 案例分析
	4.7 人物角色	定义 人物角色分析的目的 建立人物角色模型的方法 人物角色构建的步骤 人物角色模型要素 人物角色的相关内容 案例分析 优缺点
	4.8 故事板	起源 用途及发展 形式 要素 创建步骤 优点

4.1 情境地图

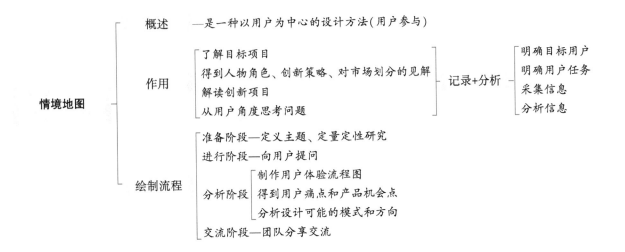

4.1.1 情境地图概述

情境是指产品或服务被使用的情形和环境。所有与产品使用体验相关的因素皆是有价值的,这些因素包含社会因素、文化因素、物理特征,以及用户的内心状态、感觉、心境等。

情境地图是一种以用户为中心的设计方法,它将用户视为"有经验的专家",并邀其参与设计过程(图4-1-1)。

图4-1-1 情境地图的设计过程

4.1.2 情境地图的作用

①能深入洞悉目标项目。

②得到其他诸多有助于设计的结果,如人物角色、创新策略、对市场划分的独到见解。

③有利于解读创新项目。

④帮助设计师从用户的角度思考问题,发现用户在整个体验路径上的各个关键环节是否存在问题,并以此发掘机会点或可优化点,并将用户体验转化成所需的产品设计方案。可以说,这是一个记录+分析的工作。

记录的前提是明确你的目标用户,和他要完成的核心任务或事情。

记录的方法:做一张表,横向画出用户完成任务(或事情)的流程图(或路径图),纵向列出你想要了解的关于用户操作的问题,例如:用户对这个任务的预期和认知是什么;用户实际做的是什么;用户完成这个任务的感受是什么。多找几个目标用户做同样的记录。

综合记录+分析的结果,主要是看哪些问题比较显著(或是否有路径缺失),并且基于问题找优化方案。整个过程有几个关键点需要注意:①明确目标用户;②明确用户任务;③信息采集后的分析工作。

4.1.3 绘制情境地图的主要流程

使用情境地图的时候,用户可以借助一些启发式工具,以便能在有趣的游戏中描述自己的使用经历,真正参与到产品设计和服务设计中。用户需要绘制、使用情境地图,以帮助他们表达使用该产品的目标、动机、意义、潜在需求和实际操作过程。

1. 准备阶段

①定义主题并策划各项活动,通过定量和定性的方法(比如用户访谈、调查问卷等),了解用户的需求、行为和想法,以及用户如何使用产品,有哪些接触点。

②绘制一份预先构想的思维导图。

③引导参与者细心观察自己的生活并留意使用产品或服务的经验,从而反馈到讨论的主题中。

2. 进行阶段

①用视频/音频记录整个会议过程。

②让用户参与并做一些练习,也可以运用一些激发材料与参与者进行对话。

③向用户提出诸如"你对此产品/服务的感受是什么"和"产品/服务对你的意义是什么"之类的问题。

④在讨论会议结束后及时记录你自身的感受。

3. 分析阶段

①把用户对产品的体验流程制作成图,具体内容会根据不同的产品有所区别。举个简单的电商例子。比如,了解购买某一款手机的用户,在购买前如何做决策,通过哪些方式了解相关信息,最后为什么决定购买这款手机;决定购买之后,是如何购买的,想法、行为和感受如何;成功购买之后,使用体验如何,反馈如何,想法、行为和感受又是如何;在这些不同的阶段,用户的痛点有哪些,产品的机会有哪些;等等。

②分析得出的结果,为产品设计寻找可能的模式和方向。为此,可以从记录中引用一些用户的表述,并组织转化成设计语言。通常情况下,需要将参与者的表述转化、归纳为具有丰富视觉表达的情境地图以便分析。

③将图上的各个分散的点连成线,讲述一个吸引人的用户体验故事。这个有点类似情境剧本。

4. 交流阶段

①与团队中其他未参与讨论会议的成员,以及项目中的其他利益相关者交流所获得的情境地图成果。

②成果交流十分必要，因为它对产品设计流程中的各个阶段(点子生成、概念发展、产品或服务进一步发展等)均有帮助。即使是在讨论会议结束数周以后，当参与者看到运用他们的知识产生的结果时，也会深受启发。

情境地图暗示了所取得的信息应该作为设计团队的设计导图。它能帮助设计师找到设计的方向、整理所观察到的信息、认识到困难与机会。建议大家在组织自己的情境地图讨论会议之前，首先以参与者的身份加入其中，体验其中的各种流程及意义。

4.2 文化探析

文化探析
- 引导参与者了解自己的启发性工具
- 组成部分：明信片、地图杂志、各种文本和图像等
- 比尔·盖沃尔案例
- 根据当地文化探索设计可能性

文化探析是一种引导参与者运用新的形式了解自己，更好地表达对生活、环境、理念和互动行为理解的启发性工具。

只要可以启发人们认真考虑个人背景和情况，并以独特创新的方式回答设计小组的问题，任何材料就都可以作为文化探析研究的组成部分。可以利用明信片、地图杂志、相机、录音设备、各种文本和图像引导个人回应文化探析研究，并应该为参与者多准备几种这样的材料。这些材料和文化探析本身一样，都是比较灵活的，而且没有特殊限制。文化探析的发明者们把这种方法定义在"艺术家–设计师"的范畴，并强调公开表达自己的主观感受，从而收集启发性数据，激发设计想象力。

比尔·盖沃尔(Bill Gaver)等人在欧洲三大社区研究交互技巧、提高人们对老年人的关注中，发明了用于明确了解参与者文化、喜好、信仰和愿望的文化探寻工具。设计小组在印有不同图案的明信片背后写下各种开放式问题，包括参与者对文化环境、生活和技术等问题的看法。这些明信片预先写好回寄地址，参与者在完成之后直接寄回给设计小组。设计小组还会在印有几张地图的纸上请参与者画出他们独处、与别人见面的情景，以及想去但去不了的地方。设计小组还为他们提供即时拍照相机，拍摄指定的任务和自己选择的事物，并用这些照片在工具包中的小相册上讲述自己的故事。最后，还要制作一本多媒体日记，以记录技术交互和交流中发现的问题。

文化探析是一种探索性研究方法。它不在正式分析中使用，而是作为一种启发性工具，用来确认参与者组群或文化中的关键模式和主题。这种方法为我们打开了一个探索设计可能性、结合其他信息研究方法(如观察、实地考察、访谈和第二手资料)的"窗口"。盖沃尔等人利用工具包返回的研究结果获得了启发和灵感，而且根据每种当地文化的特点，探索了设计的可能性，加强了设计交流。

文化探析虽然很随意，并不正式，但是应该仔细推敲参与者的性格特点和接收程度，使其比较愉快地参与项目，尊重这个过程，从而获得他们的反响与回应。探寻工具包中的材料应该多样化，富有想象力，可以启发人们对特定设计访查的看法。如果设计得当，人们的积极参与和设计小组的投入会让文化探析收获等同或者超越传统方法的反响，获得丰富的信息，为设计小组提供完善设计的灵感。

4.3　用户观察

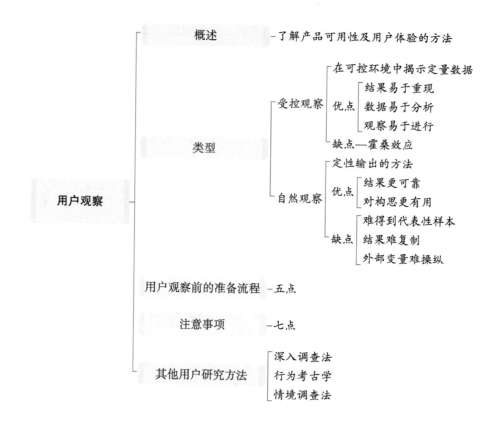

4.3.1　用户观察概述

　　观察与产品交互的用户,是了解产品可用性以及了解整体用户体验的好方法。同时,观察用户相对容易,因为它不需要参与者进行大量的培训,在用户样本量合适的情况下,可以相对较快得到结果产出。在观察法中,调查者在不干涉人们活动的前提下,观察和记录人们在真实环境和特定时间范围内实际的所作所为,从而掌握直接而翔实的信息,而不是接受他们事后的描述。

　　长期以来,用户观察一直普遍应用于心理学中,用户研究的技术与心理学中使用的技术非常相似,也拥有自己的优势和弱点。用于观察用户的两种常用的技术有受控观察和自然观察,它们在不少行业中被普遍采用。

4.3.2　用户观察的类型

1.受控观察

受控观察往往发生在实验室环境中。它侧重于揭示定量数据,但也可能会有一些定性观察。

　　要进行受控观察,最好是进行一系列观察,并让观察者在观察过程中的每一步都进行这些观察。然后,他们可以根据每一个步骤,定量地记录他们的观察结果(例如,yes/no 或 3 或 5 的评分等级)。而且,这并不妨碍他们在每个步骤中随意添加观察结果,从而能够收集额外的定性数据。

　　受控观察要求研究人员向用户解释观察的目的,用户要知道他们正在被观察。它可以帮助一个以上的观察者进行更长时间的观察,或者使用视频记录事件,以便在事件发生后进行进一步的观察工作。当然，如果使用视频，那么必须获得用户的同意。

这种方法的优点在于：

①易于重现。如果使用定量方法，那么通过重复研究应该很容易得到相似的结果。

②易于分析。与定性数据相比，定量数据的分析工作量更少。

③快速进行。虽然招募用户可能需要一点时间，但实验室中的受控观察一旦运行起来，速度相当快。

但这种方法也有一个可能的缺点：霍桑效应，即观察某人如何做某事的行为可以改变他们执行任务的方法。

2. 自然观察

自然观察涉及"在野外"研究用户，并且往往不那么有条理。这意味着与用户或用户组共度时间，并观察他们在日常生活中使用产品时的行为，然后观察者在他们认为合适时记录他们的观察结果。这是一种导致定性输出的方法。

这种方法的优点包括：

①更可靠。当人们在现实生活中使用产品时，他们更有可能遇到现实生活中的各种情况，而不是他们在实验室遵循一系列指示，从而做出各种符合预期结果的行为。

②对构思更有用。定性研究可以产生许多产品改进的想法，因为它开辟了定量研究中没有的可能性。

但是，使用此方法也有一些缺点：

①很难包含有代表性的样本。这种研究比对照观察更昂贵、更耗时，并且限制了研究的范围。最好是利用这种研究来创建新的想法，然后用其他形式的研究来测试这些新想法，而不是将研究的结果作为最后的结果。

②很难使它们可复制。由于样本量的问题，如果进行重复研究，有可能得到完全不同的结果。

③操纵外部变量很难。例如，在下雨天观察用户，他们在智能手机上的操作很可能与在晴天时的操作有所不同，这是因为无法控制外部变量。

4.3.3　用户观察前的准备流程

在我们决定进行用户观察之前，需要做一些重要的前期准备：

①我们需要确定我们期望从观察研究中得到什么。是结构化的(如开发的检查表)，还是非结构化的(如我们期望数据是定性的而不是定量的)。

②我们需要为我们的研究招募用户，并确保我们选择了相对应的用户群样本，以使我们的结果更有意义。

③我们需要招募观察者，特别是训练有素的观察者，并确定我们用何种方式观察用户。

④我们要能够向用户解释他们将要做什么，以及他们的什么情况将被我们观察到。

⑤我们要能够向用户解释，我们从他们那里收集的数据将如何使用。

这些准备对于所有形式的用户观察都是相通的。

4.3.4　用户观察的注意事项

当涉及定性观察时，我们需要注意以下几点：

①用户实际在做什么？是不是你想象的那样？

②用户对产品有哪些常规操作？他们如何把它融入他们的生活？

③记录细节——在观察过程中注意用户行为的细节，增加观察的敏锐度可以使观察更有意义。

④确保你在检查整个活动。你应该知道产品是如何与他们的设备和生活流程结合起来使用的，而不仅仅是观察产品本身。

⑤注重量化。如果你看到一个你认为可能会重复的行为，把它记下来，并在以后的观察中寻找它。

⑥不要过分花时间分析观察期间发生了什么，关键是要观察并报告细节，稍后再进行分析。

⑦当撰写报告时，受控观察结果相对容易，量化方面可以浓缩成图或表格。所以，应该更加谨慎地对待定性分析，编制数据并进一步研究，而不是直接将观察结果作为绝对真理。

4.3.5 其他用户研究方法

1. 深入调查法

深入调查法是一种半参与式的人类学调查方法。与纯观察法相比，深入调查法所考察的对象一般更为具体，强调对个人的深入观察，并收集尽可能详尽的个人资料。

深入调查法将以下几方面作为关键考察点。

①个人：包括基本信息(年龄、性别、职业)、穿着打扮、行为举止和随身物品(带什么东西出门，分别用来做什么，这些东西可能的情感意义)等。

②家庭：如家庭成员(有多少人，成员之间如何交流，成员之间互相的期望等)、居住环境(地理位置、装饰风格、家居及陈设、有特殊意义的物品)等。

③饮食：如食物的种类、菜系，饮食的时间和地点等。

④出行：如使用的交通工具、常去的地点、假想的旅游目的地等。

⑤通信：如使用的通信设备、使用方法、使用频率、某些特殊的关注等。

2. 行为考古学

行为考古学的方式是寻找人们选择穿着款式、布置空间及使用物品时固有行为的证据，有助于揭示人们的生活环境和所使用的物品是怎样彰显他们的生活风格、习惯、优先权和价值的。

3. 情境调查法

情境调查法强调的是到用户工作的地方，在用户工作时观察，和用户讨论他们的行为模式，并实际体验用户的感受。

在运用情境调查法时，应该注意四个方面：情境、协作、解释和焦点。

①情境：强调必须在用户正常的工作、生活情境中进行。

②协作：调查者应该沉浸在用户的情境中，与用户转化关系，学习像用户一样体验，即所谓的"师傅/徒弟"模式。

③解释：让用户自己解释研究者所观察到的用户行为、生活习惯与所处的环境。

④焦点：在访谈中巧妙地引导用户，使研究集中在一定的主题上。

其实，不要把观察性研究想得太复杂，观看并记录用户与产品交互时你所看到和听到的内容就好。用户观察是了解产品使用方式及识别用户遇到的任何问题的好方法。值得注意的是，我们仍要在观察和记录之后，将各类研究整合分析，进一步研究产品发展的内部原因和发展趋势。

4.4　焦点小组

```
                      概述 ──── 从研究的全部观察对象抽出样本推断总体特征的一种方法

                           ┌ 混合型焦点小组
                           │ 任务型焦点小组
                           │ 故事型焦点小组
                      分类 │ 迭代型焦点小组
                           │ 表演型焦点小组
                           └ 在线型焦点小组

                           ┌ 界定问题
                           │ 抽样、确定参与者
                           │ 确定调查团体的数目
                    调查步骤 │ 准备研究
                           │ 准备焦点小组调查的材料
   焦点小组                  │ 实施调查
                           └ 分析资料、撰写报告

                           ┌ 用户样本的选择
                           │ 座谈提纲撰写
                    注意事项 │ 提前排练
                           │ 现场执行
                           └ 撰写总结报告

                与深度访谈的不同点比较

              适合研究的主题类型 ──── 观察有共同特征的群体对某个主题的观点、态度和行为
```

4.4.1　焦点小组概述

　　焦点小组座谈法又称集体访问，指从研究所确定的全部观察对象(总体)中抽取一定数量组成样本，根据样本信息推断总体特征的一种调查方法，是定性研究方法之一，也是传媒研究者经常采用的一种方法，由社会学家默顿、拉扎斯菲尔德发明。具体的实施是由一个经过训练的主持人以无结构的小组座谈形式，引导一个6~12人的小组针对某一主题展开自由讨论，以获得对有关问题的深入了解。一般需要60~90分钟，主要是了解媒介受众或消费者对某类产品(品牌)或社会文化现象的态度和行为。

　　焦点小组座谈法的主要目的，是通过倾听一组从所要研究的目标市场中选择出来的被调查者的发言，从中获取对有关问题的深入了解。这种方法的价值在于可以从自由进行的小组讨论中得到一些意想不到的发现。

4.4.2 焦点小组的分类

在长期的发展之下，焦点小组已形成很多不同的版本。

1. 混合型焦点小组

混合型焦点小组用于收集一组人的信息，但这并不意味着它不能收集个人数据。例如，可以要求用户单独进行优先级排序、按自己的喜好投票等。

小组活动中，投票经常使用举手表决这种简单的方式，但它容易造成从众思考和权威偏差。可以事先打印好问题，每次发放一个问题，让用户进行纸上投票。

可以使用封闭式问卷，进行结构化小组访谈，即让用户从是/否、同意/不同意、A/B/C/D 等简单选项中进行选择，并与用户讨论他们为什么做出这样的选择。由于提供了讨论的机会，而不仅仅是用问卷衡量偏好或态度，使用封闭式问卷的焦点小组能够更好地提供用户数据背后的原因和动机。

2. 任务型焦点小组

任务型焦点小组，就是给用户分派任务和场景，要求用户使用产品原型或产品完成指定任务。例如，给用户准备计算机，让其操作应用软件，然后将他们召集到一起，总结完成任务的经验。给用户相同的核心任务，使他们的感受和看法可以横向比较。例如，要求用户在使用手册中查找信息，并描述找到正确答案时的感受。

在任务型焦点小组中，在简短地介绍和讨论之后，就可以让用户分头完成任务，完成后再召集大家进行讨论。如果任务较复杂，可以给每名或数名用户配备一名辅导员。

任务型焦点小组能够让用户使用产品之后展开讨论，不仅可以让讨论更加丰富和具体，也能够同时观察用户行为和调研用户观点。

3. 故事型焦点小组

如果受时间和资源限制，来不及开发产品原型，可以拍摄一个用户使用产品的故事，用视频向焦点小组展现产品的使用场景，让用户对产品形成直观感受，而不仅仅依靠想象和口头描述。

典型的产品故事，可以采用"生活中的一天（a day in life）"的形式，描述产品的"真实"使用场景。当然这并不意味着必须拍摄一天的故事，可以是持续 5 分钟、1 小时或数天的故事。

在某些产品形态中，很难让用户直接接触到产品，例如培训等软性产品、无法展示场景的安全产品等，这时候故事型焦点小组就特别有效。

4. 迭代型焦点小组

迭代型焦点小组的做法是，向用户展示产品原型，并通过讨论获得反馈。例如，召集一组用户讨论产品设计，然后根据用户反馈修改产品原型，再召回同一组用户进行第二次焦点小组讨论，向他们展示新的产品原型，并收集第二轮的反馈。反复进行这样的迭代过程，直到设计无须更改，或者资源耗尽。

迭代型焦点小组能够方便地观察产品的开发路径是否正确、是否符合用户的需求。因为不必每次都招募新的用户，能节省用研时间。缺点是修改产品原型需要时间和资源，而且在后续迭代中势必需要招募更多的用户，从而加剧了时间和资源的消耗。

5. 表演型焦点小组

表演型焦点小组是指组织用户体验人员、产品开发人员及用户通过表演戏剧小品的形式来演示新产品的功能及概念，展示产品的影响、效果及使用场景。在请用户观看之后，再组织他们进行讨论。用户通过戏剧小品的内容，可以直接获得产品或行业经验，在反馈意见和建议时能够考虑使用产品时的具体情境。

表演型焦点小组成本较高，需要花时间编剧和排练，还需要更多人员的参与。不过，如果无法或来不及创建产品原型，表演型焦点小组或许是最好的选择。

6. 在线型焦点小组

有时很难将用户召集到一起，例如符合特征的一组用户位于不同的城市。此时，可以通过视频聊天、网络电话、微信群、手机多方通话等方式来进行焦点小组讨论。

在线型焦点小组对用户而言更方便，也更节省费用。当然，它的效果是会大打折扣的。如果用户不积极参与，例如用户不按要求去看网页，组织者就很难监控。使用接龙式发言方式，并在接龙失效时进行点名发言，能够在一定程度上改善在线型焦点小组的缺陷。

在线型焦点小组操作方便灵活，但是很难进行情感交流。主持人看不到用户，无法通过身体语言获知信息，很难了解用户是因懒得回答还是不同意而保持沉默，也很难阻止话痨用户插话和占用太多时间。

4.4.3 焦点小组调查步骤

①界定问题。对于设计问题的对象有范围上的界定，包括设计对象、用户特征等方面的内容。

②抽样并确定参与者。因为焦点小组调查的规模较小，研究者必须确定较小范围的调查对象。样本的类型依典型调查的目的而定。

③确定调查团体的数目。由于无法知道单个的一次性结果是该组人员特殊的见解还是广大受众的意见，因此焦点小组调查研究很少仅用一组样本。即研究者在研究同一主题时会对两个或更多团体进行调查，并就结果进行比较，以避免出现样本缺乏代表性的问题。

④准备研究。包括安排召集调查对象(利用电话或在购物中心随机选择)、预定进行调查的场地、决定使用何种记录形式(录音或录像)、选择及聘请与调查有关的主持人，以及确定支付接受调查者的报酬等。

⑤准备焦点小组调查的材料。审查调查问卷、准备调查中使用的录音和其他材料、印制调查中使用的所有问卷(包括预测问卷)、列出预测问卷的问题目录和主持人的提纲等。

⑥实施调查。焦点小组调查可以在各种环境中进行，一般使用专用会议室。当调查对象不集中时则使用饭店或旅馆的房间。

⑦分析资料、撰写报告。根据访谈指南中列出的标题和焦点对参与者做出的反应进行检查、分类，这些都需要采用一种系统化的方法来进行。

4.4.4 焦点小组执行注意事项

1. 选择用户样本

用户样本基本属性趋同，但要有一点小差异。

2. 撰写座谈提纲

提纲一般分为热场、用户基础信息获得、行为和态度探寻、结尾自由畅想四大部分，撰写时需要注意时间的合理分配。

3. 提前排练

提纲写完后，建议找内部用户测试，一是做练习，二是调整方案；同时可以邀请项目相关的人员一起评审，听听项目成员的建议。

4. 精神高度集中的现场执行

现场执行就是要随时控场。明确访谈的目的，有选择地深入某些话题。

5. 撰写总结报告

根据焦点小组讨论情况，梳理发言要点，根据访谈提纲进行总结报告的撰写。

4.4.5　焦点小组与深度访谈的不同点比较

焦点小组与深度访谈的不同点比较见表4-4-1。

表4-4-1　焦点小组与深度访谈的不同点比较

	焦点小组	深度访谈
招募用户的要求	一个组内的用户背景应该保持一致，比如学历、收入等符合同一用户招募标准	每个用户的背景可以相互独立
适合的话题	不适合敏感、私人或带负面倾向的话题	可以就某些敏感、私人或带负面倾向的话题进行沟通
调研目的	汇集某一类人群的观点、想法和认知，了解某一类用户对新技术或新产品的观点、想法及预期，评估用户对市场接受的程度、面临的挑战和问题；不适合涉及具体操作	重点在于挖掘个人用户的使用动机、观点、想法和认知，以及可以观察个人的行为操作
适用阶段	适合在对产品或用户有一定了解的基础上进行	可以作为新产品或新用户调研的方法
对研究人员的要求	非常高，有较好的控场能力，需要促使所有参与者积极地交流，同时保持讨论不被意见领袖式用户所引导；对用户的背景、特征和所在族群已经有基本的了解	高，能和用户快速建立信任感，敏锐感受用户的心理变化，挖掘出用户内心的真实想法
执行	主持人进行引导，用户就某个话题集体讨论，自由地表达观点；保持灵活的访谈顺序，让每个人都感觉自己被关注	访谈员和用户进行一对一的沟通
和其他调研方法的兼容性	不适合与可用性测试、眼动测试等操作类调研方法进行联合调研	适合与可用性测试、眼动测试等操作类调研方法相结合
优点	时间短、效率高，某些方面真实性较高	可以获取详细信息，真实性高，调研内容和主题的局限性较小
缺点	真实性比较容易受话题和其他用户的影响	整个调研过程时间持续较长

4.4.6　焦点小组适合研究的主题类型

焦点小组比起便捷的个人访谈或者问卷调查，似乎是一种更为真实可信的方法。

理论上焦点小组主要是用于观察某一群体（有共同特征的用户）对某个主题的观点、态度和行为，而不能用于确定用户的个人观点和行为，特别是一些涉及个人隐私的内容。

它的优势是其更接近于一种"自然"与媒介使用和媒介内容联系在一起的意义和观点的产生过

程。通过群体内部的动力作用，调查者能够引起、刺激和进一步精确化、细化受众的理解和认识。这种方法的价值在于常可以从自由进行的小组讨论中得到一些意想不到的发现。

4.5 思维导图

4.5.1 思维导图概述

思维导图又被称作心智导图、脑力激荡图、灵感触发图、概念地图、树状图、树枝图或思维地图，是表达发散性思维的有效的图形思维工具以及一种利用图像式进行思考的辅助工具。对比传统笔记法，它简单却又极其有效，是一种革命性的思维工具(图4-5-1)。

它运用图文并重的技巧，把各级主题的关系用相互隶属或相关的层级图来表现，把主题关键词与图像、颜色等建立记忆链接，充分运用左右脑的机能，利用记忆、阅读、思维的规律，协助人们在科学与艺术、逻辑与想象之间平衡发展，从而开启人类大脑的无限潜能。因此其具有人类思维的强大功能(图4-5-2)。

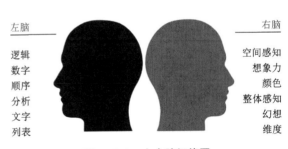

图 4-5-1　传统笔记法与思维导图比较　　　　　**图 4-5-2　左右脑机能图**

思维导图也是一种将思维形象化的方法。我们知道放射性思考是人类大脑的自然思考方式，每一种进入大脑的资料，不论感觉、记忆还是想法——包括文字、数字、符码、香气、食物、线条、颜色、意象、节奏、音符等，都可以成为一个思考中心，并由此中心向外发散出成千上万的关节点，每一个关节点代表与中心主题的一个联结，而每一个联结又可以成为另一个中心主题，再向外发散出成千上万的关节点，呈现出放射性立体结构，而这些关节的联结可以视为个人的记忆，也就是个人数据库。思维导图是使用一个中央关键词或想法引起形象化的构造和分类的想法，以辐射线形连接所有的代表字词、想法、任务或其他关联项目的图解方式。

4.5.2　如何做思维导图

我们可以使用纸和笔手绘一张思维导图，也可以使用 MindMaster 软件绘制思维导图。与传统手绘的方式相比，MindMaster 软件绘制思维导图的效果更佳，便于修改和存储。MindMaster 思维导图支持在电脑、手机和平板电脑上使用，并且支持在线打印，支持导出图片、PDF 和大纲等（图 4-5-3、图 4-5-4）。

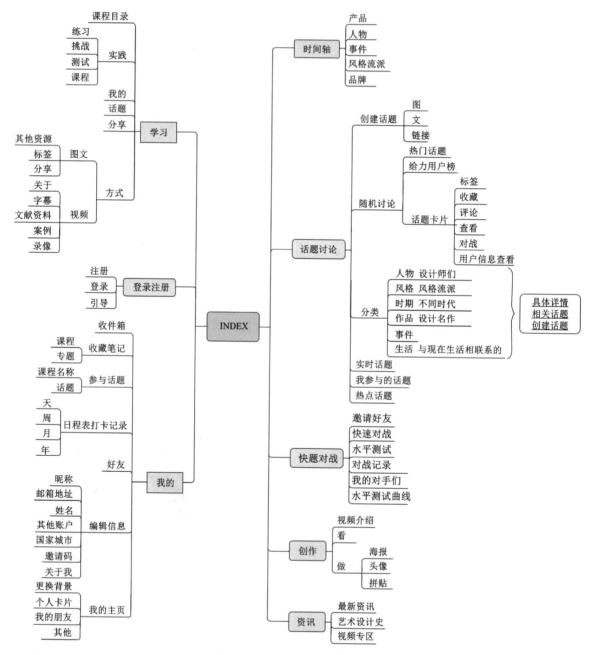

图 4-5-3　MindMaster 软件图

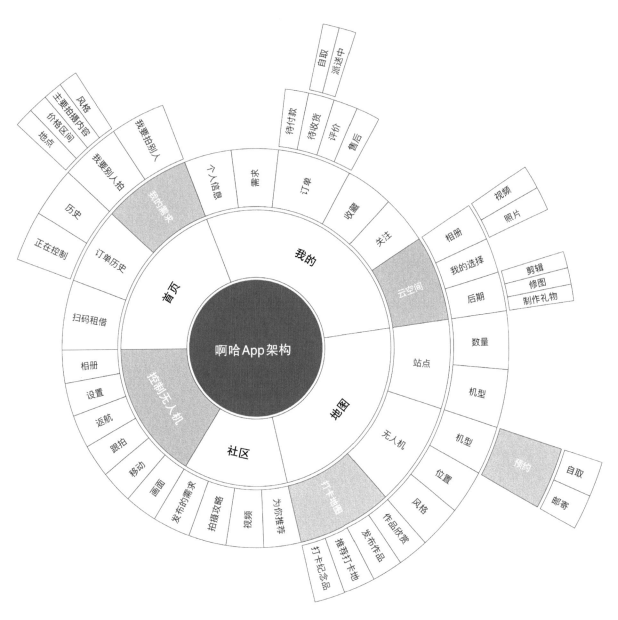

图 4-5-4　MindMaster 软件绘制思维导图

4.5.3　思维导图的应用场景

思维导图的价值可以体现在许多的应用场景之中，比如个人职业规划、日常的读书笔记、个人生活或旅游安排、企业的发展战略等。善于利用结构化思维，可以结构性地、有逻辑地思考和处理信息，有效地调动大脑参与信息处理的过程，让知识在脑海中形成网状的脉络。

4.6 SWOT 分析

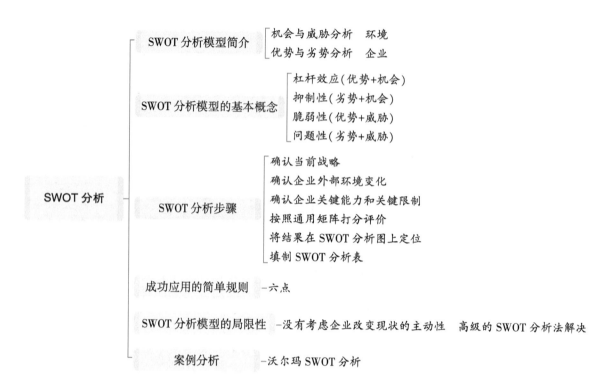

SWOT 分析法即态势分析法，也称 TOWS 分析法、道斯矩阵，20 世纪 80 年代初由美国旧金山大学的管理学教授韦里克提出，经常被用于企业战略制定、竞争对手分析等场合。

4.6.1 SWOT 分析模型简介

在现在的战略规划报告里，SWOT 分析应该算是一个众所周知的工具。来自麦肯锡咨询公司的 SWOT 分析，包括分析企业的优势（strengths）、劣势（weaknesses）、机会（opportunities）和威胁（threats）。因此，SWOT 分析实际上是对企业内外部条件各方面内容进行综合和概括，进而分析组织的优劣势、面临的机会和威胁的一种方法。

通过 SWOT 分析，可以帮助企业把资源和行动聚集在自己的强项和有最多机会的地方，并让企业的战略变得明朗。

优劣势分析主要是着眼于企业自身的实力及其与竞争对手的比较，而机会和威胁分析将注意力放在外部环境的变化以及对企业的可能影响上。在分析时，应把所有的内部因素（即优劣势）集中在一起，然后用外部的力量来对这些因素进行评估。

1. 机会与威胁分析

随着经济、科技等诸多方面的迅速发展，特别是世界经济全球化、一体化过程的加快，全球信息网络的建立和消费需求的多样化，企业所处的环境更为开放和动荡。这种变化几乎对所有企业都产生了深刻的影响。正因为如此，环境分析成为一种日益重要的企业职能。

环境发展趋势分为两大类：一类为环境威胁；另一类为环境机会。环境威胁指的是环境中一种不利的发展趋势所形成的挑战，如果不采取果断的战略行为，这种不利趋势将导致公司的竞争地位受到削弱。环境机会就是对公司行为富有吸引力的领域,在这一领域中,公司将拥有竞争优势。

2. 优势与劣势分析

每个企业都要定期检查自己的优势与劣势,这可通过"企业经营管理检核表"的方式进行。企业或企业外的咨询机构都可利用这一方式检查企业的营销、财务、生产和组织能力。每一要素都要按照特强、稍强、中等、稍弱和特弱划分等级。

当两个企业处在同一市场或者说它们都有能力向同一顾客群体提供产品或服务时,如果其中一个企业有更高的盈利率或盈利潜力,那么,我们就认为这个企业比另外一个企业更具有竞争优势。换句话说,所谓竞争优势是指一个企业超越其竞争对手的能力,这种能力有助于实现企业的主要目标——盈利。但值得注意的是,竞争优势并不一定完全体现在较高的盈利率上,因为有时企业更希望增加市场份额,或者多奖励管理人员或雇员。

竞争优势可以指消费者眼中一个企业或它的产品有别于其竞争对手的任何优越的东西,它可以是产品线的宽度,产品的大小、质量、可靠性、适用性、风格和形象,以及服务的及时、态度的热情等。虽然竞争优势实际上指的是一个企业比其竞争对手有较强的综合优势,但是明确企业究竟在哪一个方面具有优势更有意义,因为只有这样,才可以扬长避短,或者以实击虚。

由于企业是一个整体,而且竞争性优势来源十分广泛,所以,在做优劣势分析时必须从整个价值链的每个环节上,将企业与竞争对手做详细的对比。如,产品是否新颖,制造工艺是否复杂,销售渠道是否畅通,价格是否具有竞争性,等等。如果一个企业在某一方面或几个方面的优势正是该行业企业应具备的关键成功要素,那么,该企业的综合竞争优势也许就强一些。需要指出的是,衡量一个企业及其产品是否具有竞争优势,只能站在现有潜在用户的角度上,而不是站在企业的角度上。

企业在维持竞争优势过程中,必须深刻认识自身的资源和能力,采取适当的措施。因为一个企业一旦在某一方面具有了竞争优势,势必会吸引到竞争对手的注意。一般地说,企业经过一段时期的努力,建立起某种竞争优势,然后就处于维持这种竞争优势的态势,竞争对手开始逐渐做出反应;如果竞争对手直接进攻企业的优势所在,或采取其他更为有力的策略,就会使这种优势受到削弱。

影响企业竞争优势的持续时间,主要有三个关键因素:

①建立这种优势要多长时间?

②能够获得的优势有多大?

③竞争对手做出有力反应需要多长时间?

如果企业分析清楚了这三个因素,就能明确自己在建立和维持竞争优势中的地位。

波士顿咨询公司提出,能获胜的公司是取得内部优势的企业,而不仅仅是只抓住公司核心能力的企业。每一个公司必须管好某些基本环节,如新产品开发、原材料采购、对订单的销售引导、对客户订单的现金实现、顾客问题的解决等。每一个环节都能创造价值并需要内部部门协同工作。虽然每一个部门都可以拥有一个核心能力,但如何管理这些优势能力仍是一个挑战。

4.6.2 SWOT 分析模型的基本概念

在适应性分析过程中,企业高层管理人员应在确定内外部各种变量的基础上,采用杠杆效应、抑制性、脆弱性和问题性四个基本概念对 SWOT 分析模型进行分析。

①杠杆效应(优势+机会)。杠杆效应产生于内部优势与外部机会相互一致和适应时。在这种情形下,企业可以用自身内部优势撬起外部机会,使优势与机会充分结合并发挥出来。然而,机会往往是稍纵即逝的,因此企业必须敏锐地捕捉机会,把握时机,以寻求更大的发展。

②抑制性(劣势+机会)。抑制性意味着妨碍、阻止、影响与控制。当环境提供的机会与企业内部资源优势不相适应,或者不能相互重叠时,企业的优势再大也将得不到发挥。在这种情形下,企业就需要提供和追加某种资源,以促进内部资源劣势向优势方面转化,从而迎合或适应外部机会。

③脆弱性(优势+威胁)。脆弱性意味着优势的程度或强度的降低、减少。当环境状况对公司优势构成威胁时,优势得不到充分发挥,出现优势不优的脆弱局面。在这种情形下,企业必须克服威胁,以发挥优势。

④问题性(劣势+威胁)。当企业内部劣势与企业外部威胁相遇时,企业就面临着严峻挑战。如果处理不当,可能直接威胁到企业的生死存亡。

4.6.3 SWOT 分析步骤

①确认企业当前的战略。
②确认企业外部环境的变化。
③根据企业资源组合情况,确认企业的关键能力和关键限制(表4-6-1)。

表4-6-1 企业资源分析

潜在资源力量	潜在资源弱点	公司潜在机会	外部潜在威胁
有力的战略 有力的金融环境 有力的品牌形象 被广泛认可的市场地位 专利技术 成本优势 强势广告 产品创新技能 优质客户服务 优秀产品质量 战略联盟与并购	没有明确的战略导向 陈旧的设备 超额负债 超越竞争对手的高额成本 缺少关键技能或资格能力 利润损失部分 内在的运作困境 市场规划能力的缺乏 过分狭窄的产品组合	服务独特的客户群体 新的地理区域的扩张 产品组合的扩张 核心技能向产品组合的转化 分享竞争对手的市场资源 竞争者支持 新技术开发 品牌形象拓展的道路	强势竞争者的进入 替代产品引起的销售下降 市场增长延缓 交换季和贸易政策不利转换 由新规则引起的成本增加 商业周期影响 客户和供应商杠杆作用加强 消费者购买需求的下降 人口与环境的变化

④按照通用矩阵或类似的方式打分评价。

把识别出的所有优势分成两组,以两个原则为基础:与行业中潜在的机会有关,还是与潜在的威胁有关。用同样的办法把所有的劣势分成两组,一组与机会有关,另一组与威胁有关。

⑤将结果在 SWOT 分析图上定位(图4-6-1)。

⑥填制 SWOT 分析表,将优势和劣势按机会和威胁分别填入表格(表4-6-2)。

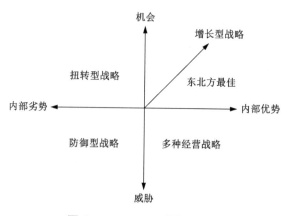

图4-6-1 SWOT 分析图

表 4-6-2 SWOT 分析表

内部因素

4.6.4 SWOT 分析成功应用的简单规则

①进行 SWOT 分析的时候必须对公司的优势与劣势有客观的认识。

②进行 SWOT 分析的时候必须区分公司的现状与前景。

③进行 SWOT 分析的时候必须考虑全面。

④进行 SWOT 分析的时候必须与竞争对手进行比较，比如优于或是劣于你的竞争对手。

⑤保持 SWOT 分析的简洁化，避免复杂化与过度分析。

⑥SWOT 分析因人而异。

4.6.5 SWOT 分析模型的局限性

与很多其他的战略模型一样，SWOT 分析模型已由麦肯锡提出很久，带有时代的局限性。以前的企业可能比较关注成本、质量，现在的企业可能更强调组织流程。SWOT 分析没有考虑到企业改变现状的主动性。企业可以通过寻找新的资源来创造企业所需要的优势，从而达成过去无法达成的战略目标。

4.6.6 SWOT 分析模型的案例分析

沃尔玛 SWOT 分析如下。

（1）优势

沃尔玛是著名的零售业品牌，它以物美价廉、货物繁多和一站式购物而闻名。沃尔玛的销售额在近年内有明显增长，并且在全球化的范围内进行扩张(例如，它收购了英国的零售商 ASDA)。沃尔玛的一个核心竞争力是由先进的信息技术所支持的国际化物流系统。例如，在该系统支持下，每一件商品在全国范围内的每一间卖场的运输、销售、储存等物流信息都可以清晰地看到。信息技术同时也加强了沃尔玛高效的采购过程。

沃尔玛的一个焦点战略是人力资源的开发和管理。优秀的人才是沃尔玛在商业上成功的关键因素，为此沃尔玛投入时间和金钱对优秀员工进行培训并建立其忠诚度。

（2）劣势

沃尔玛建立了世界上最大的食品零售帝国。尽管它在信息技术上拥有优势，但其业务拓展太广，可能导致对某些领域的控制力不够强。因为沃尔玛的商品涵盖了服装、食品等多个种类，沃尔玛可能在适应性上比起更加专注于某一领域的竞争对手存在劣势。该公司是全球化的，但是目前只开拓了少数几个国家的市场。

（3）机会

沃尔玛采取收购、合并和战略联盟的方式与其他国际零售商合作，专注于欧洲和大中华区等特定市场。沃尔玛的卖场当前只开设在少数几个国家内。因此，拓展市场(如中国、印度)可以带来大量的机会。沃尔玛可以通过新的商场地点和商场形式来获得市场开发的机会。更接近消费者的商场和建立在购物中心内部的商店可以使经营方式变得多样化。沃尔玛的机会存在于对现有大型超市战略的坚持。

（4）威胁

沃尔玛在零售业的领头羊地位使其成为所有竞争对手的赶超目标。沃尔玛的全球化战略使其可能在其业务国家遇到政治上的问题。多种消费品的成本趋于下降，原因是制造成本降低。造成制造成本降低的主要原因是向世界上的低成本地区进行了生产外包。这导致了价格竞争，并在一些领域内造成了通货紧缩。恶性价格竞争是一个威胁。

4.7 人物角色

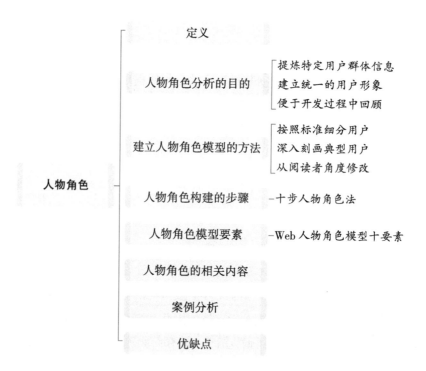

4.7.1 人物角色定义

人物角色是基于真实人物的行为、观点和动机，将一些要素抽象、综合成为一组对典型产品使用者的描述，以辅助产品的决策和设计，并在整个设计过程中代表他们。

4.7.2 人物角色分析的目的

人物角色分析是研究典型消费者所常用的分析工具。人物角色是从调研和采访的所有用户中综合提炼出一个或多个角色模型，以获得一个个典型的用户形象并把所有相关需求和它们联系起来，帮助设计师将"目标—用户—任务"关联起来。建立人物角色是以用户为中心的设计中的一个重要环节，是对在用户研究中获得的用户资料的一个回溯、重组、提炼和浓缩的过程。

建立人物角色的目的如下：

①对于特定用户群体信息的提炼和浓缩。用户研究是一个复杂而冗长的工作，复杂是件好事，但是会造成重要信息丢失、数据量异常庞大、报告缺乏终点等问题，所以需要建立一个丰满、鲜活的以人物形象来描述、整合用户群的重要特征的模型。

②在研发和设计团队人员中建立统一的"用户群"形象，有利于在跨职能、跨部门、跨团队合作中信息的传递，避免因为个人理解差异而造成用户形象的失真。

③人物角色分析可以提醒开发人员时时刻刻坚持以用户为中心。所以建议研究完成后将人物角色打印出来，在开发过程中经常回顾 persona（人物角色）人物形象的特征和需求。

4.7.3 建立人物角色模型的方法

1. 了解用户总体情况

了解用户总体情况，并按照一定的标准对其进行细分，产生多个独特的用户类别。

①建立全局图，以了解每类用户在总体中的位置。通过对不同类型用户的比较，可以帮助建立参考系统，更好地理解每类用户的特点。

②了解每类用户对总体的影响力。一般需要通过定量研究的方法来了解每类用户及其特征是否具有普遍性。

2. 深入刻画典型用户

①清晰定义典型用户的类别。

②根据人物特色和产品开发需求来确定用户特征与行为。一般的描述步骤是从表象到本质，由外围环境联系到产品，从过去、现在联系到未来，如人物的基本属性、文化背景、生活状态、需求点、利益点及发展趋势等。

③表现形式按表现性和生动性由弱至强可分为人类学形式的文字描述、图片说明、影音文件等。

3. 从阅读者的角度修改

构建人物角色的人，是写故事的人，故事是写给更多的阅读者看的。所以写故事的人需要本着"以阅读者为中心"的原则来刻画人物角色，或者可以通过了解阅读者对人物角色的理解来反复修正表达的方法和措辞。

4.7.4 人物角色构建的步骤

1. 发现用户

目标：谁是用户？有多少？他们对品牌和系统做了什么？

使用方法：数据资料分析。

输出物：报告。

2. 建立假设

目标：用户之间的差异都有什么？

使用方法：查看一些材料，标记用户人群。

输出物：大致描绘出目标人群。

3.调研

目标：关于人物角色的调研(喜欢/不喜欢、内在需求、价值)；关于场景的调研(工作环境、工作条件)；关于剧情的调研(工作策略和目标、信息策略和目标)。

使用方法：数据资料收集。

输出物：报告。

4.发现共同模式

目标：是否抓住重要的标签？是否有更多的用户群？是否同等重要？

使用方法：分门别类。

输出物：分类描述。

5.构造虚构角色

目标：基本信息(姓名、性别、照片)，心理(外向、内向)，背景(职业)，对待技术的情绪与态度，其他需要了解的方面，个人特质等。

使用方法：分门别类。

输出物：人物角色描述。

6.定义场景

目标：各种人物角色模型的需求各自适应哪种场景？

使用方法：寻找适合的场景。

输出物：需求和场景的分类。

7.复核

目标：你知道哪些人会喜欢它？

使用方法：人们对人物角色模型的描述进行评价。

8.知识的散布

目标：我们怎样组织以分享人物角色？

使用方法：会议、邮件、参与各种活动。

9.创建情景

目标：在设定的场景、既定的目标下，当人物角色使用品牌、产品、技术的时候会发生些什么？

使用方法：叙述式剧情，使用人物角色描述及场景以形成剧情。

输出物：剧情、用户案例、需求规格说明。

10.持续的发展

目标：新的信息或数据是否导致人物角色模型需要修改？

使用方法：可用性测试、新的数据。

输出物：用户调研数据、新的人物角色模型。

4.7.5　人物角色模型要素

Web人物角色模型的十要素：

①基本档案：统计学档案(年龄、性别、家庭规模、收入、职业、教育背景等)；地理档案(居住地)；心理学档案(社交层次、生活风格、参加的活动、观点、动力、性格等)；行为档案(使用类型、熟练程度)；与产品相关的档案(使用频率、品牌忠诚度、使用状态、购买意愿、购买的利益点等)等，附加人物照片。

②人格：可用大五人格量表或 MBTI 人格类型量表。

③参照对象与其影响：参照对象是指那些能影响其与网络、电脑和其他设备、软件、App 关系的对象，可以是人，也可以是品牌、产品，如用户的好友、用户关注的微博和论坛等。

④原型和引语：不同的产品类型有不同的人物原型，如从消极的到积极的，可分为否定型、不稳定型、犹豫型、懒散型、中立型、积极型、苛求型、狂热型等。给人物角色赋予某种原型，选取一些极具代表性的引言来表现这种类型的特点。

⑤技能：表述用户技术、知识掌握和使用能力，如 IT 方面的技能、互联网方面的技能、使用软件和 App 方面的技能、使用社交网络的技能，这些技能可用柱状图来表现。

⑥用户体验的目标。

⑦用户曾使用过的设备和平台。

⑧使用习惯和兴趣：如经常使用哪些类型的 App 或软件，可用饼图表示比例。

⑨哪些必须做，哪些不能做。

⑩与品牌和产品的关系：如品牌忠诚度，是潜在用户、初始用户还是老用户，用户从产品中寻求哪些价值。

研究中，一个产品常会设计 3~6 个角色来代表所有用户群体，因此要对人物模型进行优先级排序：首要人物角色、次要人物角色、补充任务角色等。

4.7.6　人物角色的相关内容

1. 建立人物角色意象拼图

设计师可以将人物角色所处的环境、使用的物品、喜欢的电视节目等以图像形式放置在一起，制作出人物角色的意象拼图。

作用：勾勒出人物的性格，把握用户的爱好，获取造型、色彩、材质、肌理等设计元素的视觉参考。

2. 创建人物角色剧本

设计师还可以为人物角色设定一个场景，构建人物角色与产品、场景之间的故事，并以剧本形式进行描述。

3. 推广人物角色

除了人物角色的意象拼图和剧本之外，还可以用更加生动的形式推广人物角色。

4. 角色扮演

为了保持人物角色的活动，还可以让设计团队的成员在设计过程中扮演设定的人物角色。角色扮演一方面可以营造一种沉浸式的环境，保持人物角色的活力；另一方面可以让设计师在演绎人物角色的同时，因为移情的作用能感同身受，发现问题，激发创意。

4.7.7　人物角色的案例分析

接下来结合一个案例，介绍创建人物角色的详细步骤。

某公司有个初步的想法，想通过一款 App 允许用户下载徒步的路线、分享路线到 Facebook 或其他社交平台上。市场研究部告知有两类用户：一类是经验丰富的徒步者，他们想要发现新的线路；另一类是积极的退休者，他们热衷于保持身体健康，到新的地方游玩。

这里需要注意的是，市场人员与用户体验设计师有所不同，前者看中"人们需要什么、如何说服人们买产品"，后者对用户"使用产品的方式"感兴趣，思考"如何打动用户"。因此不能直接采用这两类人物角色，不过可以从他们着手，进行访谈与调研。

1. 去户外与一些符合这两类条件的人聊天

在行动之前需要了解以下信息——用户所属的类别、名字、性别、年龄、职业（图4-7-1）。

类别	用户	性别	年龄	职业
徒步旅行者	1、Jennifer	女	31	电信顾问
	2、Michael	男	39	失业者
	3、James	男	44	研究员
	4、Lisa	女	28	出版商
	5、John	男	41	律师
活跃退休人员	1、Jennifer	女	62	退休护士
	2、Michael	男	55	退休软件开发人员
	3、James	女	61	从未工作者
	4、Lisa	女	60	研究员
	5、John	男	68	工厂退休工人

图4-7-1 人物角色信息图

2. 分析访谈内容，发现关键点

该案例挑选了两个关键点：一是户外和徒步的经验值；二是对技术的熟悉程度。结合访谈内容，展示每个用户在两个关键点上的分布顺序，如图4-7-2所示，从左到右为从专家到新手。

漫步和徒步的旅行经验

对技术的熟悉程度

图4-7-2 人物角色分析图

3. 找出显著的/重要的行为模式

同样是根据两个关键点，我们可以得出每个用户在图4-7-3的四象限中的分布情况。由此形成的每个象限的用户，就可以作为一种人物角色，4种人物角色在关键点上的表现有着一定的差异，所以也能保证他们的独特性。

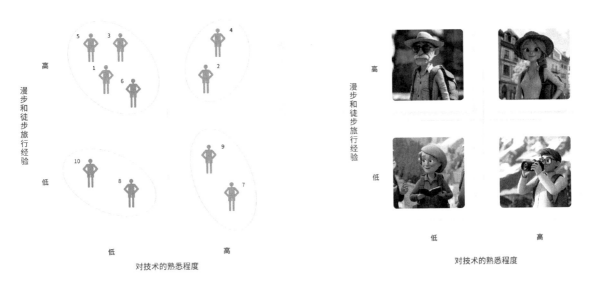

图 4-7-3 构建人物角色的行为模式

4. 创建人物角色卡片

人物角色来源于我们观察到的真实的用户资料（特征、行为、需求）。下面展示了这个案例最终输出的人物角色。可以看出，除了前文提到的人物角色的组成要素，还记录了这些人物角色来自哪些真实的访谈对象（图 4-7-4）。

Robert Clapham

去年，Robert从一家软件公司的技术支持部门提前退休。他每天都会去散步，以保持身体健康，同时也会给自己一些时间，让自己用数码单反相机拍摄照片。他喜欢探索产品的功能，并会花时间定制一款适合自己需求的设备。

Robert的目标：
· 规划或输入步行路线
· 在移动中搜索目的地和兴趣点
· 定制和个性化设备的功能

基于：

"我附近哪里有更棒的拍摄点？"

Michael Armstrong

Michael从十几岁起就热衷于散步，他对古代史特别感兴趣，喜欢在可以探索历史遗迹的地方散步，比如古墓葬或石圈。

Michael的目标：
· 发现那些有趣历史遗迹的偏僻地点
· 用笔记和照片标注步行路线，以便他之后回顾

基于：

"这个地点背后有什么故事？"

Kathleen McCrae

Kathleen McCrae在丈夫去世后开始和朋友一起徒步，她真的很享受散步带来的社交联系。然而，她对她的圈子里的人感到沮丧，因为似乎没有人知道如何看懂地图（包括她自己）。她有一部最新的手机，但在安装新应用序时需要女儿的帮助。

Kathleen的目标：
· 设置提醒，让她知道她是否正确地走了这条路
· 和朋友一起散步

基于：

"我现在在哪里，怎么回停车场？"

Jennifer Wright

Jennifer参加了地理教学。她和朋友们大约每个月都会去埃克斯穆尔和威尔士等地散步一次。Jennifer有一个有gps功能的手机导航到一个特定的位置，找到一个隐藏的集装箱。她有一部iPhone，但对那些声称支持地理教师的应用程序首遍感到失望。

Jennifer的目标：
· 即使在没有移动信号覆盖的地区，也可以查看她的位置
· 保存轨迹和路径信息的距离、速度和其他细节
· 在网络上与朋友分享路径

基于：

"这个GC Code最有意思的路线是什么？"

图 4-7-4 人物角色卡片

4.7.8 人物角色的优缺点

①优点：对用户精确细分，帮助产品清晰定位，使功能差异化；帮助团队内部理解用户，关注用户的目标、动机、行为和观点，统一研发、产品和设计的视角和目标；简单生动地展现调研结果，清晰易懂。

②缺点：用户样本数量有限，角色模型有一定的局限性。

4.8 故事板

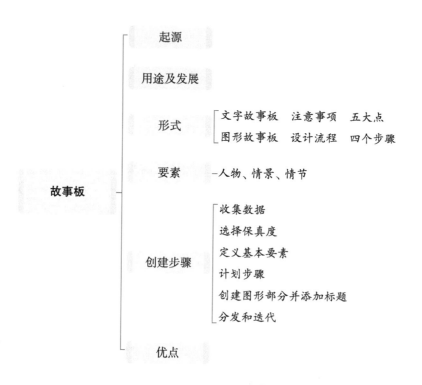

4.8.1 故事板的起源

故事板，英文为"storyboard"，有时译为"故事图"，起源于动画行业，原意是安排电影拍摄程序的记事板，指在影片的实际拍摄或绘制之前，以图表、图示的方式说明影像的构成，将连续画面分解成以一次运镜为单位，并且标注运镜方式、时间长度、对白、特效等；也有人将故事板称为"可视剧本"（visual script），让导演、摄影师、布景师和演员在镜头开拍之前，对镜头建立起统一的视觉概念。在电影拍摄期间，为了让一个庞大的剧组协调工作，解释剧本、解释导演意图和工作要求的最有效的办法就是"看"。当一场戏的场景动作、拍摄、布景等因素比较复杂而难以解释时，故事板可以很轻松地让整个剧组建立起清晰的拍摄概念。在电影电视中，故事板的作用是用来安排剧情中的重要镜头，相当于一个可视化的剧本。故事板展示了各个镜头之间的关系，以及它们如何串联起来，给观众一个完整的体验。

4.8.2 故事板的用途及发展

故事板是显示效果的视觉草图，用于视频创作和广告设计，表达作者的创意。

①故事板是用特定的脚本、连贯的分镜头展示一系列的交互动作。

②故事板用于突出显示某个关键交互动作，从而使整个用户体验过程中相对应的某个关键任务得以凸显。

③故事板用于寻找产品的用户群。

④故事板可以根据不同的目标侧重选择不同的表现形式。

采用何种形式基本取决设计师所你构建的故事情节与屏幕任务或线下任务的相关度。

如果着重研究线下任务，则故事板中线下场景居多；如果关注屏幕任务，则故事板展现界面居多。当然如果完全关注屏幕任务，则故事板就是线框图和原型了。

故事板关注的是屏幕任务和线下任务的结合地带。

故事板是传统交互设计方法的重要补充工具。平时我们的原型设计局限于屏幕环境的设计，忽略了屏幕之外的使用情境。故事板绘制的关键使用场景有利于我们理解屏幕之外的用户目标和动机，进而展示出设计师在产品初期假想的一些应用情境。

另外，故事板不仅是设计师头脑中假想情境的具象化，还可以使一些模糊的用户需求更加具象化，更有说服力，并在设计沟通的过程中发挥巨大的作用。

以 iPhone 为例，iPhone 的界面非常简洁，按钮都"较大和突出"，这种设计遇到的挑战是产品的许多功能不得不在简洁的界面风格中被隐藏或者被直接忽略，这时候设计师如果简单地对产品方说"这是视觉风格的要求，你不能加这么多任务进来"显然是很苍白、没有说服力的。举例来说，设计师通过故事板说明任务情境，如：用户在使用 iPhone 时有可能正在吃早餐、正在挤公交，用户需要快速准确地知道某个功能如何操作，而不能理解太复杂的界面任务。在这种背景下，简洁的设计就不仅仅是视觉风格的问题，而是用户需求和使用情境的客观限制。因此，产品方就能很容易被说服。

故事板在具体应用过程中虽然可能会受手绘能力的限制，但只要能表达清楚关键任务场景，其目的就已经达到了。

4.8.3　故事板的形式

故事板里面每一个情境故事都是产品设计师依据产品的使用方式和内在特征去模仿用户的心境，以视觉化的形式和体验来阐述用户与产品、环境之间的关系，从而更好地表达某一个设计的主题。因此营造一个合乎用户心境的故事板，能够引起他们使用产品的共鸣。构造一个成熟的故事板，在产品设计中显得尤为重要。在产品设计中，故事板可以分为文字故事板和图形故事板，其中，图形故事板更为我们所熟知。

1. 文字故事板

我们要想描述一个好的用户场景，需要对用户使用这个产品的过程有一个基本的了解，还需要对人物角色和使用情景有所设想。好的用户场景，可以贯穿整个产品设计的过程、模拟现实的用户操作和交互方式、用于产品的可用性评估。

使用简单的语言描述人物角色和使用情景，尽量避免给出具体的用户行为和交互动作。合理的文字故事板应该做到以下几个方面：

①确定角色，多个角色做多个故事板；

②确定必须完成的目标；

③确定故事的出发点或事件；

④明确角色信息及关注点；

⑤确定故事板的数量，其取决于人物角色和任务目标数量。

2. 图形故事板

对于交互设计师而言，图形故事板是最快让他人获取自己想法的最佳手段。通过图形故事板，用户就像看电影一样，容易融入情景当中。通过反思各个场景的事件，提醒团队该注意哪些方面；反思交互效果，让他人通过看得见的方式当面加以注释。

在图形故事板(图4-8-1)中，设计师通过描绘一连串的用户行为，还原了一个完整的快递包裹收取和包装回收的任务场景。图形故事板通过用户连贯性的行为，构造了一个完整的、合乎事理的生活场景。通常来说3~5个场景为最佳。

图 4-8-1　图形故事板

图形故事板设计流程可以概括为：

第一步：先了解使用者的个性特征，其需要什么、想做什么，也就是常说的"用户故事"；

第二步：拟定情境背景中角色、时间、地点、事件，可以用快照的方式展现在不同的时间、地点使用者与产品发生关联的分镜头。

第三步：通过不同的场景分镜头来发现使用者在使用产品时遇到的不便，想办法解决问题，从而达到改善和创新产品的目的。

第四步：提出新的设计方案，让构想在新的故事中得到验证，然后进行评估。

故事板揭示了用户与产品的交互行为，可以让设计师融入用户的使用情景当中；又可以以一个旁观者的角度观看全局，反思和总结使用场景的问题及真伪。

4.8.4　故事板的要素

1. 人物

如同每部电影都有男女主角一样，每一个故事板都应当有一个具体的人物，该人物贯穿整个故事，推动故事的发展(图4-8-2)。

其中，具体人物的行为、外表和期望，以及他在每一个场景和时间段里所做出的任何决定都是非常重要的。在展示用户的需求或痛点问题的时候，通过故事板直观展示人物当下的所思所想也是必不可少的。

小明
作家

行为

- 每日写作
- 每天早上做填字游戏
- 在任何给定时间都有三本书
- 觉得互联网面对面交流是个挑战
- 添加新项目

图 4-8-2 故事板人物要素

2.情景

每个故事人物都不是独立存在的。在绘制故事板时，需要给人物创造一定的环境，在具体的环境中展开人物的行为活动。

3.情节

有了人物和环境，情节便是串联起二者之间的故事线。在故事板中，一般不需要耗费大量精力去介绍背景或做铺垫。故事板的结构通常只包含简单的开头、叙述、结尾，且叙述的重点围绕人物展开。

一般来说，情节部分从某个特定的触发点开始，到人物遗留下的问题或者解决的优化方案结束。结束的形式取决于绘制故事板的目标是前期介绍用户痛点还是后期阐述产品的使用过程（图4-8-3）。

开头——情节触发　　叙述——问题的发现　　叙述——设计方案介入　　结尾——问题的优化与解决

图 4-8-3 故事板情节要素

4.8.5 创建故事板的步骤

有效的故事板遵循6个关键的步骤：

1.收集数据

首先，确定哪些数据将在故事板中使用——用户访谈、可用性测试或站点度量。如果还没有收集数据，或者想把故事板作为一种构思形式，可以在没有真实数据的情况下制作故事板。

2.选择保真度

记住工作目标和受众。在头脑风暴会议期间，使用草图快速绘制一个序列或向团队描叙一个场景。在这样的构思会议中，可以使用便利贴协助创建故事板，以获得团队每个成员的观点。首先讨论一下用户将要采取的时间线和步骤。在讨论时，把每一步都画在便利贴上，并贴在白板或墙上。可以指定一个人来画，也可以让多人来画，只要讨论是以小组的形式进行就行。一次只关注一个步骤，以保持讨论的全局性，避免将小组分成多个子小组。每个小组有不同的对话，然后将这些对话合并在一起。在此过程中不同的团队成员将带来不同的想法。例如，市场营销或以业务为重点的团队成员可能会提供一个其他团队成员没有注意到的步骤(例如触发营销的电子邮件或优惠券)。这种方式提供了通过重新安排便利贴来改变事件顺序的灵活性(特别是当团队还在调整故事时间线的时候)，而不需要重新绘制整个故事板。此时的工作目标是形成一种共同的理解。

如果工作中已经记录了一个可用性测试，并且正在创建一个故事板来提取信息，那么使用照片或视频截图来创建故事板会更有效率。这些类型的图片可以最大化地节省时间(不需要草图)，同时为故事板增加真实性。使用 Adobe、Sketch 或 PowerPoint 等程序创建的详细插图，将故事板呈现给客户或作为设计交付品。

3.定义基本要素

定义角色展示的是场景或用户故事。场景应该是特定的，并且对应单一的用户路径，这样故事板就不会分裂成多个方向。对于复杂的多路径场景，遵循一对一的原则——每个用户选择的路径都有一个故事板。团队将得到几个故事板，每个故事板描绘了不同的用户路径(图4-8-4)。

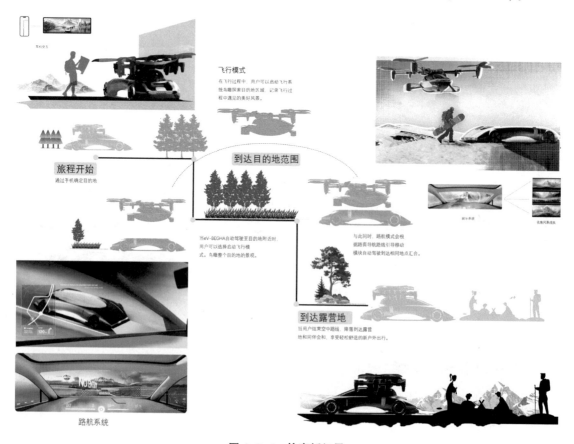

图4-8-4 故事板场景

4.计划步骤

在直接使用故事板模板之前,先写出步骤并将它们用箭头连接起来。接下来,将情绪状态作为图标添加到每个步骤中。这种技巧将帮助团队可视化每个图片画面需要包括什么(图4-8-5)。

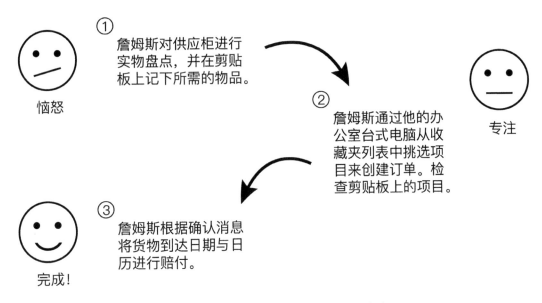

图4-8-5 故事板中的人物情绪状态表达

5.创建图形并添加标题

虽然可以使用高级插图技巧来创建一个漂亮的具有漫画书质量的故事板,但这并不是有效故事板的先决条件。故事板可以采用简笔画或草图来表达(图4-8-6)。在图像下方添加标题作为要点,用以描述第一眼无法理解的附加情境。故事板的格式应该易于修改,这样就可以在迭代中进行更改。

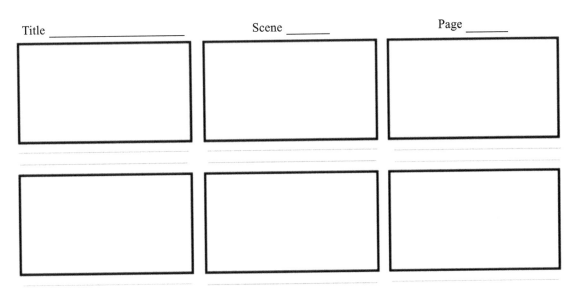

图4-8-6 故事板插图

6. 分发和迭代

将故事板分发给观众——不管他们是内部团队成员还是项目的利益相关者，并寻求反馈。

4.8.6　故事板的优点

故事板能够帮助我们讲述关于用户的故事。基于真实数据，结合其他用户体验活动，故事板可以：

①把我们的注意力从个人偏见上移开，帮助我们与我们的用户共情。

②帮助客户和利益相关者记住特定的用户场景。

③帮助我们了解是什么驱动了用户行为。

思考与练习

1. 请思考在大数据背景下，人工智能在设计领域的发展趋势。

2. 请选定某一用户群体，运用焦点小组和深度访谈方法深入调研分析，思考两种方法产生不同结果的原因。

3. 请围绕 3~5 种介绍的方法分别搜集 1~3 个设计案例，并说明各案例使用了怎样的设计方法。

4. 请针对某一企业或者产品，运用 SWOT 分析法对其进行分析。

5. 请围绕通用设计方法谈一谈对"设计方法是不是一成不变的"这一问题的理解。

参考书目推荐

[1] 程能林.工业设计手册[M].北京：化学工业出版社，2008.

[2] 陈华.不止情感设计[M].北京：电子工业出版社，2015.

[3] 廖树林，朱钟炎.产品设计的消费者分析[M].北京：机械工业出版社，2010.

[4] 蒋晓.产品交互设计基础[M].北京：清华大学出版社，2016.

[5] 戴力农.设计调研[M].北京：电子工业出版社，2014.

[6] 柴春雷，邱懿武，俞立颖.商业创新设计[M].武汉：华中科技大学出版社，2014.

[7] 立德威尔，霍顿，巴特勒.通用设计法则[M].朱占星，薛江，译.北京：中央编译出版社，2013.

[8] 马丁，汉宁顿.通用设计方法[M].初晓华，译.北京：中央编译出版社，2013.

[9] 代尔夫特理工大学工业设计工程学院.设计方法与策略：代尔夫特设计指南[M].倪裕伟，译.武汉：华中科技大学出版社，2014.

[10] Cooper A，Reimann R，Cronin D.About Face 3 交互设计精髓[M].刘松涛，译.北京：电子工业出版社，2012.

[11] 柳冠中.事理学论纲[M].长沙：中南大学出版社，2006.

第五章 产品设计案例与应用

◇ **本章要点**：了解并掌握设计方法在产品设计中的具体运用。

◇ **学习重点**：谷歌创新设计方法 Design Sprint、荷兰代尔夫特理工大学的设计方法与策略。

◇ **学习难点**：将所了解的设计方法灵活运用到实际设计中，构想出恰到好处的设计方案，解决针对性的问题。

章节内容思维导图

<table>
<tr><td rowspan="3">第五章
产品设计案例与应用</td><td>5.1 谷歌的设计流程与方法</td><td>谷歌创新设计方法
德国百利金儿童文具套盒案例分析</td></tr>
<tr><td>5.2 代尔夫特理工
大学的设计方法与策略</td><td>代尔夫特理工大学简介
代尔夫特理工大学的设计方法与策略</td></tr>
<tr><td>5.3 健康产品设计案例</td><td>止涕——模块化洗鼻器健康护理产品设计案例</td></tr>
</table>

5.1 谷歌的设计流程与方法

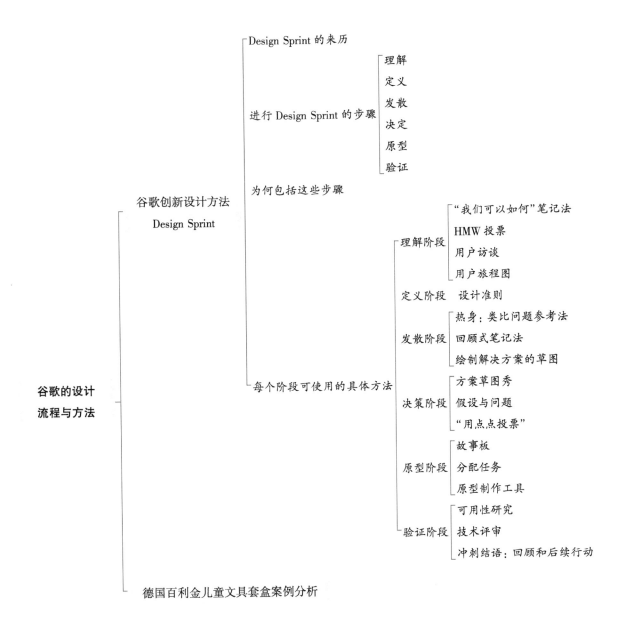

5.1.1 谷歌创新设计方法 Design Sprint

谷歌公司成立于 1998 年 9 月 4 日，由拉里·佩奇和谢尔盖·布林共同创建，被公认为全球最大的搜索引擎公司。谷歌是一家美国的跨国科技企业，业务包括互联网搜索、云计算、广告技术等，同时开发并提供大量基于互联网的产品与服务。

1. Design Sprint 的来历

Design Sprint（设计冲刺）是一种包含六个阶段的产品设计方法，用于解决关键业务问题。它源于 IDEO 和斯坦福大学 D. School 的设计思维，后经由 Google Ventures 改善，且于其内部实践并广受欢迎。该方法有助于激发创新，鼓励以用户为中心的思维，使团队在共同的愿景下保持一致，并能让产品更快地进入发布阶段(图5-1-1)。

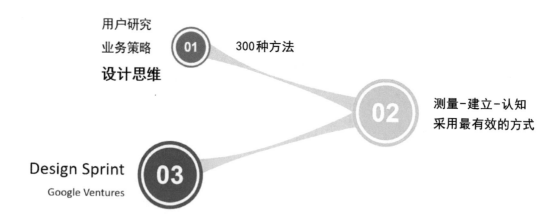

图5-1-1 Design Sprint 的来历

2.进行 Design Sprint 的步骤(图5-1-2)

理解(understand):要为用户解决的问题。

定义(define):明确产品定义。

发散(diverge):探索实现方案。

决定(decide):确定设计方案。

原型(prototype):构建产品原型。

验证(validate):验证产品原型。

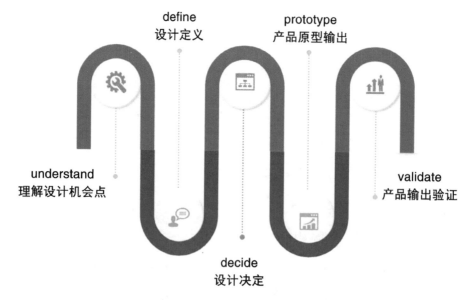

图5-1-2 Design Sprint 步骤图

3.为何包括这些步骤

Design Sprint 包含的这六个步骤,是为了在设计阶段就设计出更加正确的产品,从而降低向市场推出新产品、服务或功能时的风险。

产品是用来满足用户需求的,而产品设计是为用户的需求找到答案的一种解决问题的过程。解决问题时，首先需要了解问题，然后需要思考解决方案，最后给出解决问题的答案。

①理解(understand)关注因素：用户期待、商业目标及技术可行性。产品是用来满足用户需求的，亦需要达成公司的业务目标，而产品的实现受制于技术可行性。同时，在满足用户需求的基础上，技术与商业模式影响着产品的创新空间及创新能否成功(图5-1-3)。

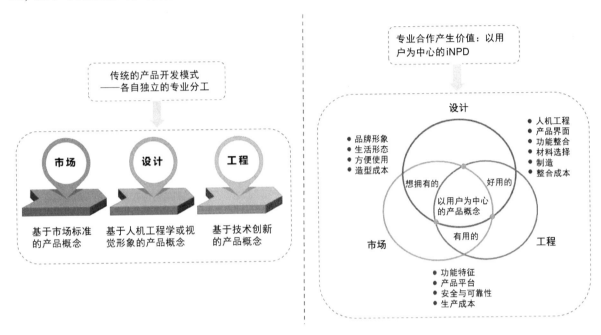

图5-1-3　产品创新的基础

②定义(define)关注因素：明确解决问题的关键因素并分析实际得到解决方案的最佳途径。确定产品策略就像战争规划一样，为了获得最终的胜利，就需要赢得一些关键的战役。这是需要指挥者去明确哪些是影响成败的因素，哪些是必须赢得的关键战役，并根据当前的情况去分析得到最终胜利的最佳途径(图5-1-4)。

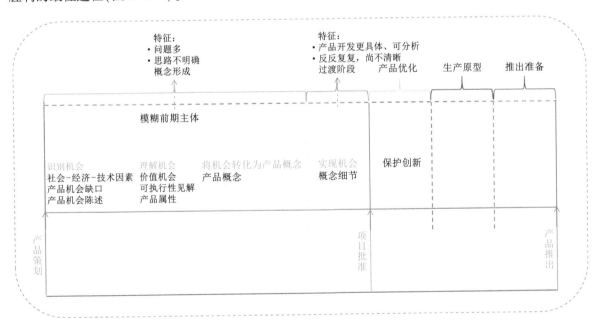

图5-1-4　产品最佳途径图

③发散(diverge)关注因素:探索、发展和迭代解决问题的创造性方法。我们永远希望找到更好的解决方案,但是如何找到实现目标的最佳方案?重点就在于最大限度地发挥团队或个人的思考能力,因为这是与人的创作潜力直接相关的因素。

④决定(decide)关注因素:选出当前能够实现目标的最佳方案。我们在上一阶段完成了不同的解决方案草图后,就要选择出哪些想法更好,可以用于原型设计。如果幸运的话,有一些想法能够明显地获胜。但是现实往往不会如此。例如,人们可能会感到压力而造成选择困难,或者团队可能没有一个明确的共识。因此需要去使用一些适合我们自身情况的能够辅助我们客观抉择的方法。

⑤原型(prototype)关注因素:构建包含最重要元素的原型,使其能够用于用户测试。在 Design Sprint 的背景下,我们要去完成的原型与标准产品开发略有不同。我们要去构建所需的最重要的元素,并使原型真实到足以在验证阶段中从潜在用户处获得客观的反馈。没有必要构建完整功能的后端或解决产品中的每个流程。我们可以将我们的原型视为实验对象,以测试一个假设。这意味着我们必须批判性地思考将要建立什么,才能获得那些能够验证或否定假设的反馈。

⑥验证(validate)关注因素:获取用户、相关权益人及技术专家的反馈。完成最重要元素的原型设计之后,就需要对真正的用户进行原型测试。观察我们的用户试用原型是发现主要设计问题的最佳方式,这让我们可以立即开始迭代产品。同时,还需要获得相关权益人的确认及技术可行性的确认。因为概念要持续发展下去,关键的权益人掌握了决定权与资源(例如 CEO),并且产品最终能够开发出来,也要符合团队的能力。

在 Design Sprint 中,我们进行用户验证时所关注的指标,与了解网站运作情况的那些基础指标并不相同。我们的目的是验证整个 Design Sprint 阶段的成果,因此我们需要思考对整个产品而言哪些类别及相关的指标是重要的。

4. 每个阶段可使用的具体方法

(1)理解阶段

1)"我们可以如何"(how might we, HMW)笔记法

HMW 笔记法是设计冲刺方法论中的基本方法。在谷歌,会在闪电演讲和整个"理解"阶段中使用这个方法来捕捉机会点。这个方法能够帮助团队获取洞察点和痛点,并对洞察点和痛点进行积极的重构。HMW 方法为应对挑战创建了一个有效的框架。

2)HMW 投票

HMW 投票(HMW voting)是一个用来排序机会点(已发现)优先级的设计冲刺方法(图 5-1-5)。这项活动通常在亲和图之后进行。

当团队完成亲和图,并定义出有用的分类时,就可以对团队成员认为最重要的机会点进行投票了。投票的主要目的是找出对用户最具吸引力的机会点,并帮助团队专注于最好的点子。团队要做的是迅速在所有机会点中建立优先级,而非尝试缩小到某一个点子上。

3)用户访谈(user interviews)

某些设计冲刺在理解阶段可能还会进行用户访谈,目的是为冲刺项目加入一手的用户视角。用户访谈通过讲故事来探索用户情感、理解用户目标、评估用户需求。访谈的目的是获取用户真实体验的同理心。通过移情,我们可以打造出更好地满足用户使用的设计方案。

4)用户旅程图(user journey map)

用户旅程图是一个常用的设计冲刺方法,该方法采用逐步绘制方式,输出用户在遇到的问题空间或与产品交互时的完整体验地图(图 5-1-6)。该方法通过深入用户思维模式、阐明痛点、发现机

图 5-1-5　HMW 投票

会点、创造全新的用户体验为团队赋能。

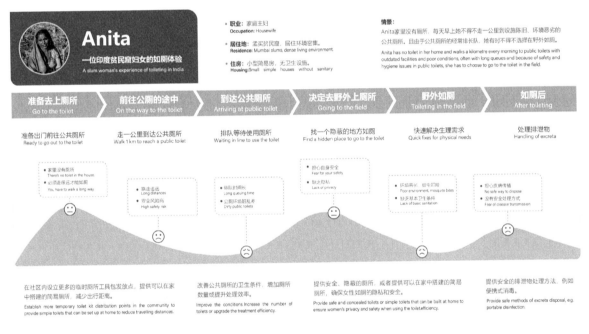

图 5-1-6　用户旅程图

（2）定义阶段

设计准则（design principles）可用来帮助规范团队的价值导向，它不仅会影响到产品设计决策，也可确保流畅的用户体验。

在产品开发全过程中，建立团队原则更有利于完成设计评审与设计决策。在定义阶段，使用这个方法可以确保团队已经热身完毕，可以充分准备开展头脑风暴了。团队所选择的设计准则应该是表达精练且具体的。下面是几条优秀的设计原则与详细说明（图 5-1-7）：

轻松的（effortless）或毫不费力的：让简单的事变得更简单和让困难的事变得不困难。

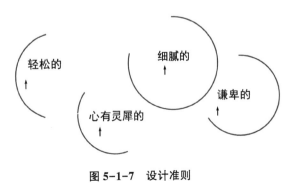

图 5-1-7　设计准则

心有灵犀的(insightful)：使用丰富的资源和信号来预测用户需求，并提供让人惊喜的建议。

细腻的(attentive)：儿童友好、自我友好、群体友好，观察入微的。

谦卑的(humble)：欢迎反馈，时刻学习。

（3）发散阶段

1）热身：类比问题参考法（comparable problem）

对于设计冲刺过程中的草图阶段来说，类比问题参考法是一个很好的热身。有时候最好的点子早已存在，它只是需要调整用途，应用在新环境或背景下，或与其他点子整合使用。这就要求团队成员针对与此次设计冲刺项目相关或并行的行业进行研究，分析其类似的商业问题及其解决方案。在理解阶段结束时，这项任务可以作为团队的家庭作业，也可以在冲刺期间完成。

2）回顾式笔记法（boot up note taking）

回顾式笔记法是一种草图设计冲刺方法，可以为团队进行"疯狂8分钟"或其他草图生成法提前做好准备。在这个过程中，基于理解阶段中共享的知识和机会，团队一起回顾已生成的内容，收集想法并准备草拟方案。这个方法给团队一个重新组合的时机，避免了团队的紧迫感，并能够在接下来的步骤中将想法可视化。

3）绘制解决方案的草图（solution sketch）

绘制解决方案的草图主要用于扩展某个想法的完整解决方案。在这项练习中，每个团队成员花费更多时间来清晰表达他们最感兴趣的一个想法，而不用在意"疯狂8分钟"阶段中投票选出的最热门点子。绘制新想法或想法组合都是可以的，甚至可以绘制其他人的想法。

（4）决策阶段

1）方案草图秀（present solution sketches）

在设计冲刺中，通常会采用每一个团队成员向大家展示其方案草图并讨论概念、细节特征的方式来启动决策阶段。这便于整个团队更好地理解每个成员设想的方案，并在相似的想法之间寻找不同之处。

2）假设与问题（assumptions and sprint questions）

在设计冲刺中，"假设与问题"常常紧随"方案草图秀"后使用。这项实践活动包含创建假设列表，并将"假设"重构为"问题"。这有助于按照优先级将这些有待回答的问题排序，确保在设计冲刺中选择的解决方案可以满足用户需求。

3）"用点点投票"（dot vote）

"用点点投票"旨在帮助团队就某个独立想法达成共识，进而提炼出设计冲刺的聚焦点。在投票开始之前，先回顾一下进入原型阶段的遴选标准。这有助于团队能牢记业务问题、商业目标、交付物，以及成功的关键指标和冲刺问题。如果不能达成一个清晰的共识，就采用这个环节的其他可用方法来实现（图5-1-8）。

（5）原型阶段

1）故事板（storyboard）

故事板能统一整个团队在原型概念上的理解，并帮助团队在制作原型的过程中做出重要的决定。故事板可以清晰展示团队想要测试的体验环节中的每个步骤，并说明哪些部位需要原型化。脚本写作非常重要，这有助于团队将故事板与用户访谈对齐，也为"测试中需要什么样的模拟或体验"提供清晰的框架。脚本也可以在验证阶段帮助制订计划。

图 5-1-8　点点投票法

2）分配任务（assign tasks）

在原型阶段，将任务拆分并逐个击破将非常有效。可为团队的每个人分配角色（制作者、文案人员、组装者、检查者、访谈员等），并确保每个人都清楚地知道自己在做什么。比如，设计师在制作素材、工程师在搭建原型时，研究者和项目管理者可以招募参与测试的用户。

3）原型制作工具（prototyping tools）

除了数字产品，设计冲刺方法还可以用来解决很多其他不同领域的商业问题，比如用来设计和测试物理空间、硬件产品、流程，甚至品牌；而原型制作工具的选择取决于要做的东西是什么（图 5-1-9）。

图 5-1-9　草模制作

（6）验证阶段

1）可用性研究（usability study）

可用性研究用于发现可用性问题和确定产品原型的用户满意度，其中包含观察用户如何使用产品并尝试完成任务。通常会向用户呈现不同的场景，要求他们一边完成任务一边思考。

2）技术评审（technical review）

类似于利益相关方评审，技术评审这种设计冲刺方法可用于确认产品开发和技术负责人对产品方案的支持。技术方的利益相关者最好能参与整个设计冲刺流程，尽管这并非总是可行的。可邀请工程师或技术负责人花费半小时参与设计冲刺，对设计原型或早期设计概念的可行性给予具体反馈。如果采用了新技术或在新领域进行了概念创新，需要技术专家支持，可从相关领域邀请专家组织一次技术评审。

3）冲刺结语：回顾和后续行动（sprint conclusion: recap and next steps）

一旦完成验证环节，要将团队成员召集起来审视这一阶段的发现。我们需要为验证环节制作可视化的汇报材料，或者将产出结果汇编成一份文档。此时尤为重要的是团队成员应复盘并研究结果，从中吸取教训，然后讨论项目的下一步。每一轮设计冲刺都应该产生可以执行的经验教训，供团队应用到下一轮的产品开发中（图 5-1-10）。

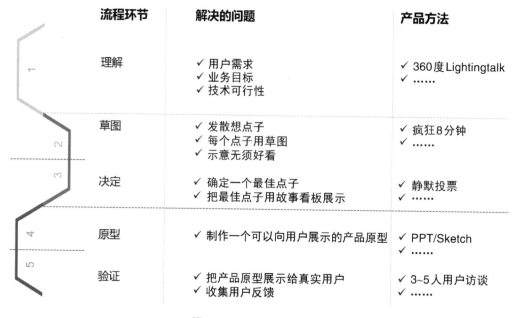

图 5-1-10　总流程概述图

5.1.2　德国百利金儿童文具套盒案例分析

此项设计案例是一项为期 7 天的 Workshop 设计输出，为德国百利金公司设计的一款符合中国市场的儿童文具套盒。由于周期较短且须完成目标，所以运用谷歌的设计灵感冲刺法。

第一天：理解阶段

方法一：用户访谈（user interviews）

在确定方向与设计主题后，团队成员第一天便去实地考察，到周边的某所小学去进行探究，与学校老师商量后，在下课期间采访了一些小学生，采访他们对儿童文具套盒的兴趣爱好，喜欢哪些颜色、外形，以及对套盒内部文具的需求。

团队成员还观察了摆放在小学生书桌上的一些文具样式，放学后采访了一些接送儿童的家长，毕竟他们才是这一类产品的购买人群，更需要吸引他们的注意力并满足其需求才能够适应市场(图5-1-11)。

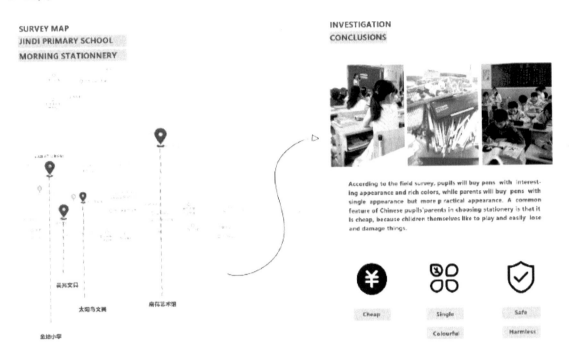

图 5-1-11　实地用户访谈

方法二：用户旅程图(user journey map)

通过对儿童及家长的采访得出如图 5-1-12 所示的用户旅程图。从用户决定购买此类产品到购买实现的一系列过程中，可发现设计机会点，从而创造全新的用户体验。

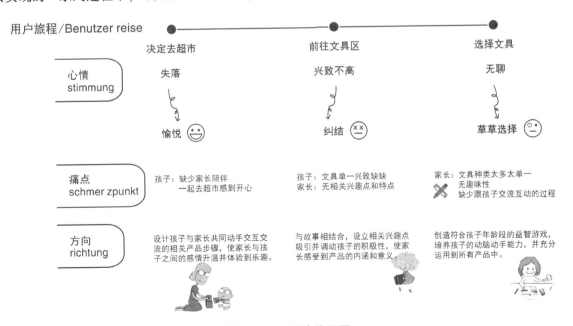

图 5-1-12　用户旅程图

第二天：定义阶段

通过小组讨论，确定设计准则为细腻的、观察入微的，以及儿童友好、自我友好、群体友好。

第三天：发散阶段

热身：类比问题参考法（comparable problem）

虽然目前市面上儿童文具类产品很多，但大多数都是热门卡通的联名产品，并且以国外卡通形象设计为主，缺少中国优秀卡通形象以及中华优秀传统文化的理念传达。团队在设计方案发散阶段确定了参照现有销量较好、热度较高的儿童套盒的类比设计方法，吸取其优点并进行改良再设计。

回顾式笔记法（boot up note taking）

在这个过程中，基于理解阶段中共享的知识和机会，团队成员一起回顾已生成的内容，收集想法并草拟想法，准备在接下来的步骤中更好地将想法可视化。

第四天：决策阶段

方案草图秀（present solution sketches）

团队的每个成员都绘制出自己的方案草图，并在这个过程中展示、讨论方案草图上的概念及细节特征。这便于整个团队更好地理解每个成员设想的方案，并在相似的想法之间探讨不同之处（图5-1-13）。

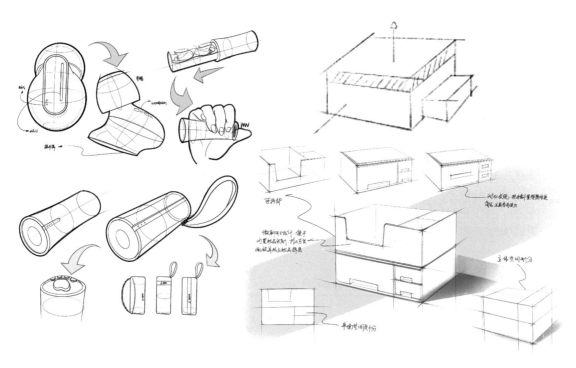

图5-1-13　方案草图

第五天：原型阶段

（1）故事板（story board）

通过绘制故事板，能够很好地表现购买者及使用者在购买前、购买中及购买后的一系列过程。通过使用故事板，可以很清晰地测试体验环节中的每个步骤，使得产品设计的使用流程更加清晰明了，且能帮助团队在制作原型的过程中做出重要决定（图5-1-14）。

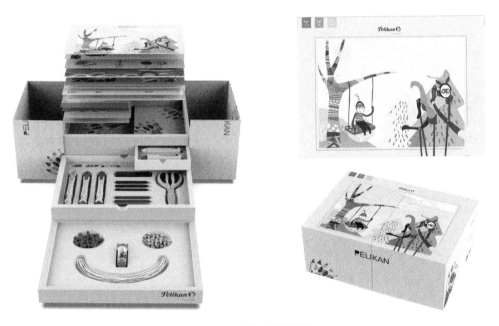

图 5-1-14 故事板

（2）分配任务（assign tasks）

在原型阶段，为了保证效率及有序实施，团队进行了明确的分工，不同成员被分配了不同的任务，包括前期分析、草图绘制、数字建模与渲染、展板制作等。

（3）原型制作工具（prototyping tools）

此次的原型制作模型采用数字模型，儿童文具套盒纹样采用 PS 及 AI 工具绘制，整体产品套盒采用犀牛软件建模，并渲染完成最终效果图（图 5-1-15）。

图 5-1-15 数字模型制作

5.2 代尔夫特理工大学的设计方法与策略

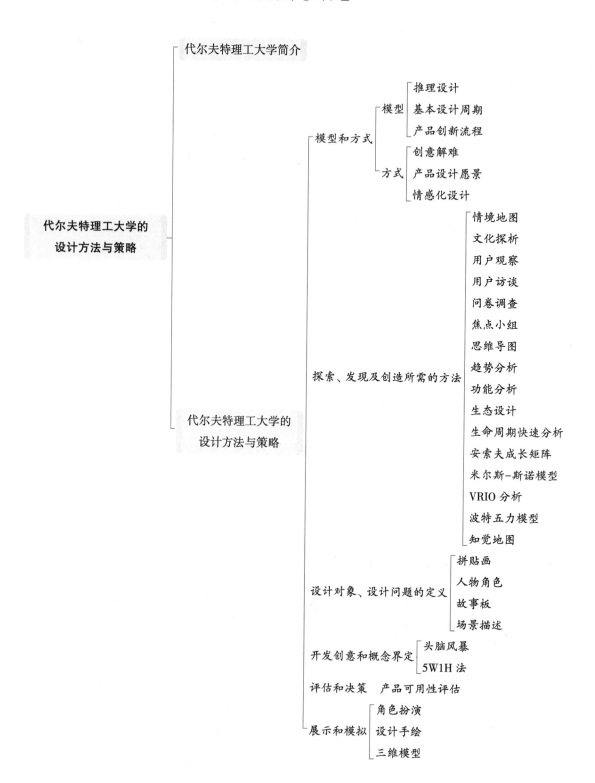

5.2.1 代尔夫特理工大学简介

代尔夫特理工大学，简称 TU Delft，其前身是 1842 年由荷兰国王威廉二世创建的皇家工程学院。建校 170 年来，代尔夫特理工大学已发展成为荷兰规模最大、历史最悠久、专业设置最齐全的理工科学府，其学术成就享誉欧洲及世界，其与英国帝国理工学院、瑞士苏黎世联邦工学院、德国亚琛理工大学等高校组成著名的 IDEA 联盟。"技术创新"是代尔夫特理工大学教学与研究工作的重要理念。

5.2.2 代尔夫特理工大学的设计方法与策略

设计师的创作离不开直觉和创造力，同时也离不开设计方法与策略。代尔夫特理工大学工业设计工程学院对其 50 多年来产品设计方法进行了经验总结，并且展示了 72 种核心设计方法、策略和技巧。其中，有些方法是代尔夫特独创的，且已广泛流传。代尔夫特理工大学工业设计工程学院将所有策略和方法依据其所适用的范围进行归纳——从筹备设计项目、探索发现、定义设计问题到开发创意概念、评估决策、展示和模拟。下面我们进一步了解和分析代尔夫特理工大学工业设计工程学院具体的设计方法与策略（图 5-2-1）。

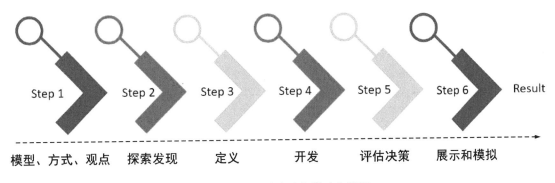

图 5-2-1 设计方法与策略步骤图

1.模型和方式

（1）模型

模型是指对某个实际问题或客观事物、规律进行抽象后的一种形式化表达方式。在工业产品设计中，产品实物模型制作与其他表现技法相比有着不可替代的优势，它以三维实体的方式充分表现设计构思，客观真实地从各个方向、角度、位置来展示产品的形态、结构、尺寸、色彩、肌理、材质甚至气味等。

①推理设计。推理设计模型是对设计师在设计中的推理过程的普遍概述。该模型主要应用于有形产品设计。它能在不同层面帮助设计师反思在设计过程中所做的推理。比如，在设计一款产品时，应该从产品的价值出发，对需求、功能和属性、最终产品形态和使用条件进行探究，同时要了解产品设计的本质。这样一来设计师就必须深入理解此推理过程，同时设计师也可预测该产品的各种属性（图 5-2-2）。

②基本设计周期。它包含多个以实践经验为基础的有序的论证周期，并且展示了设计中不断试错的过程。设计师对问题和解决方案的理解程度伴随着每个周期逐渐加深。其主要包含六个阶段，每个阶段均有相关的成果产出（图 5-2-3）。

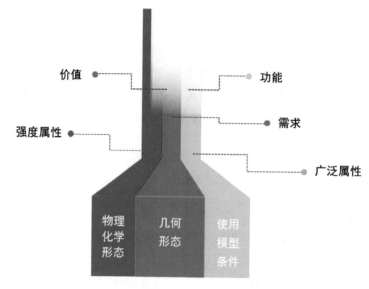

图 5-2-2　推理设计

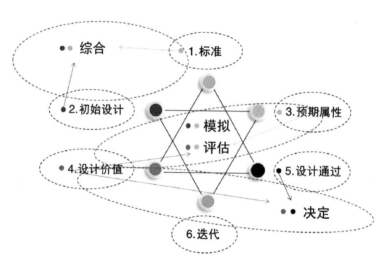

图 5-2-3　设计周期

③产品创新流程。这一部分目前分成了两类进行对比：其一是由 Roozenburg 和 Eekels 共同创造的产品创新流程模型，主要描述了如何将产品设计用于整个产品创新的流程中；其二是由代尔夫特理工大学 Buijs 教授研发的产品创新流程，全面介绍了产品创新的整个流程，并在模糊前端的描述上增添了浓墨重彩的一笔。这两类都能帮助设计师计划并管理创新工作，在设计中把握整个项目的全局(图 5-2-4)。

(2)方式

①创意解难。针对设计问题，有条理地生成新颖、有用的解决方案。这种方式能帮助设计师重新定义设计问题并找到突破性的方案，从而进一步实施这些方案(图 5-2-5)。

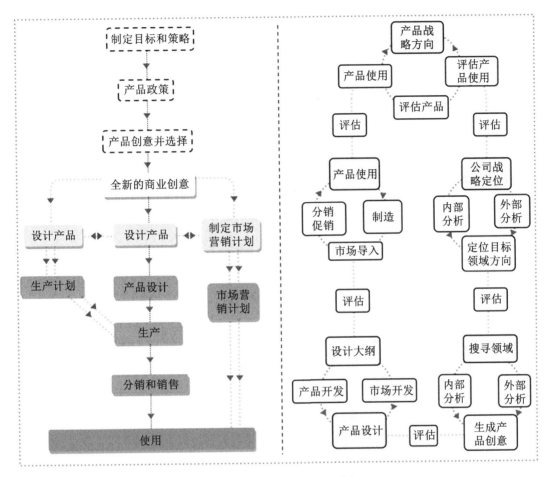

图 5-2-4 产品创新流程对比

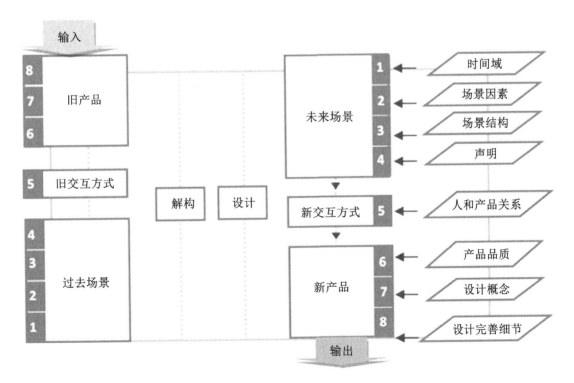

图 5-2-5 创意解难

②产品设计愿景。这是一种以情境为驱动，以交互为中心的设计方式。此方式主要关注用户和产品之间的关系，以及通往未来场景的过程中这个关系是如何变化的。任何设计师皆可利用产品设计愿景深入挖掘其设计背后深层次的愿景（图5-2-6）。

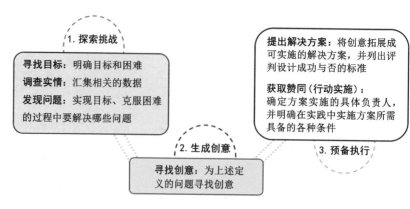

图5-2-6　产品设计愿景

③情感化设计。此方式是完善产品、提升用户体验的关键。在当今移动应用大行其道的时代，情感化设计能够帮助产品脱颖而出。其本质就是关注用户的情感需求，通过研究用户行为和心理使产品的形态、材质、颜色及界面操作方式等表现形式符合消费者的情感期待，通过设计给用户带来积极的情感体验，让用户在使用产品时感觉到愉悦。如今的用户不再满足于与冰冷的机器进行互动，更希望在每次的操作中有情感上的互动。情感化设计在很多时候可以缓解用户的负面情绪，帮助用户快速熟悉产品等。比如，MUJI CD 播放器就是一个典型的情感化设计的例子。这款 CD 播放器既简单又不同寻常，暴露在外不停转动的音乐光盘看起来更像是壁挂式电风扇的扇页，CD 没有盖子，电源线直接垂下来，很像老式电灯或电扇的拉线开关。它的设计构思最初来自 1999 年"没有思想"活动。MUJI 的设计就是寻找一种"根本"的设计方式，从人们共同的感觉和记忆中找到简单的解决方案，同时对自然环境、日常生活多了一份思索。

2.探索、发现及创造所需的方法

①情境地图。"情境"在这里应理解为产品或服务被使用的情形或环境。所有与产品使用体验相关的因素皆是有价值的，这些因素包括社会因素、文化因素、物理特征，以及用户的内心状态。情境地图是一种以用户为中心的设计方法，它将用户视为"有经验的专家"，并邀其参与设计过程。用户可以借助一些启发式工具描述自身的使用经历，从而参与到产品设计和服务设计中。

②文化探析。这是一种极富启发性的设计工具，它能根据目标用户自行记录的材料来了解用户。研究者向用户提供一个包含各种探索工具的包裹，帮助用户记录日常生活中产品或服务的使用体验。文化探析的主要流程有六个步骤（表5-2-1）。

表5-2-1　文化探析的主要流程

流程	内容
步骤1	在团队内组织一次创意会议，讨论并制定研究目标
步骤2	设计、制作探析工具
步骤3	寻找一个目标用户，测试探析工具并及时调整设计
步骤4	将文化探析工具包发送至选定的目标用户手中，并清楚地解释设计的期望。该工具包将直接由用户独立参与完成，其间设计师与用户并无直接接触。因此，所有的作业和材料必须有启发性且能吸引用户独立完成
步骤5	如果条件允许，提醒参与者及时送回材料或者亲自收集材料
步骤6	在跟进讨论会议中与设计团队一同研究所得结果，例如创意启发式工作坊、情境地图

③用户观察。要想成功地将一个产品推向市场，设计师必须要离开自己每天的"舒适区域"，去和各式各样的人见面。所有的顾客都有"痛点"，这也是为什么所有人都有对应的"需求"。如可以凭借一个出色的产品满足顾客的部分需求。用户观察的主要流程有七个步骤(表5-2-2)。

表 5-2-2 用户观察的主要流程

序号	步骤	方法和做法
1	确定	确定研究内容、对象及地点(即全部情境)
2	明确	明确观察的标准、时长、费用及主要涉及范围
3	筛选	筛选并邀请参与人员
4	准备	准备开始观察，事先确认观察者是否允许进行视频或照片拍摄记录；制作观察表格；做一次模拟观察实验
5	实施	实施并执行观察
6	分析	分析数据并转录视频
7	讨论	与项目利益相关者交流并讨论观察结果

④用户访谈。在设计过程中，想要对用户进行更深入的了解时，最方便、最容易实施的就是用户访谈。如在产品设计之初想要了解用户的行为细节、内心诉求、喜好倾向，明确设计机会时，在产品数据表现不佳时，想要找出问题、原因、解决的方向时，都是用户访谈可以发挥价值的场景。用户访谈的流程一般有六个步骤(图5-2-7)。

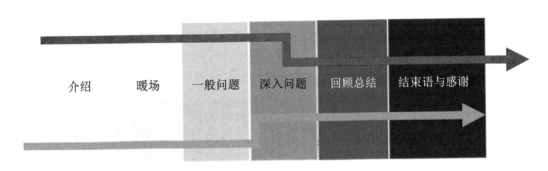

介绍　暖场　一般问题　深入问题　回顾总结　结束语与感谢

图 5-2-7　用户访谈的流程

⑤问卷调查。制定详细周密的问卷，要求被调查者据此回答以收集资料的方法，叫作问卷调查。在产品研发流程的多个阶段均可使用问卷调查。问卷的形式有很多种，设计师可以根据实际情况选择面对面提问、电话问卷、互联网问卷、纸质问卷等方式。

⑥焦点小组法。通过组员间交流对话而进行材料收集的方法，叫作焦点小组法。它以西方解释学理论及交往行为理论为依据，根据不同的研究目的，分为成员主体型和专家小组型两类，强调成功开展访谈的相关要素及研究的问题设计。该方法对于收集和掌握第一手材料、开展跨文化的比较研究具有重要意义。

⑦思维导图。思维导图展示了围绕同一主题的发散思维与创意之间的相互关系。借助思维导图的形式，不仅可以将所研究问题的结构清晰化，还能直观地找到设计问题的解决方案，同时也是设计师产生灵感的起点。所以，思维导图的应用范围十分广泛。

⑧趋势分析。趋势分析是一种通过观察和分析数据的演变过程，来揭示数据背后的趋势和规律变化的方法。趋势分析可以帮助设计师辨别客户需求和商业机会，为进一步制定商业战略、设计目标提供依据，也能产生创意想法。

⑨功能分析。相互联系的各个部分、方面和因素之间总是相互依存、相互作用的，这种事物或现象内部各个部分、方面和因素之间的相互作用和影响，以及该事物或现象对外部其他事物或现象的影响和作用，称为功能。分析事物或现象的结构和功能的方法，称为功能分析方法。这种方法不仅可以帮助设计师分析产品的预定功能，并将功能和与之相关的各个零件相联系，而且可以帮助设计师寻找新的设计创意。

⑩生态设计。托尼伊博森说，"在我看来，最好的环保包装设计师是大自然。我们无法超越它，因为大自然给予我们的作品是简单的、实用的、漂亮的、独特的，而且非常令人难忘。"生态设计要求在产品开发的所有阶段均考虑环境因素，使产品的整个生命周期减少对环境的影响，最终引导产生一个更具有可持续性的生产和消费系统。其包括新概念、选择对环境影响小的材料、减少材料的使用量、优化生产技术、优化分销系统、降低产品在使用阶段对环境的影响、优化产品初始生命、优化报废系统等内容。比如 Green Guru 公司设计的背包就是很好的生态设计案例。Green Guru 公司的 High Roller 自行车载物背包由自行车内胎和再生 PETE 织物制成，防水耐用，可挂在自行车后座载物，也可很方便地取下背在后背用作双肩背包。

又如，学生在学习阶段，同样会涉及一些生态设计的案例，它们在设计过程中会秉持着人与自然统一的思想，以保护环境为主，进行绿色环保设计。比如市场上的月饼包装设计现象，为了刺激消费，月饼包装过度奢华，造成环境污染问题，针对这个问题，提出一个减量化的月饼绿色环保包装设计。通过调研分析、对环保材料的分析（使用天然可降解材料、尽量少使用材料、保持设计的完整性）、折纸结构分析（通过复杂的结构设计体现产品的体量感和高级感），得到一个月饼绿色环保包装设计（图 5-2-8）。

图 5-2-8　月饼绿色环保包装设计

⑪生命周期快速分析。如果时间有限，可以采用生命周期快速分析方法。这种方法适用于三种情况：第一种是用于确定产品使用纯天然材料或可回收利用材料的可能性；第二种是已经选好了主要设计材料；第三种是在设计概念发展阶段用于优化设计。

⑫安索夫成长矩阵。它以产品和市场为两大基本面向，得到产品与市场的四种组合和相对应的营销策略，其主要的逻辑是企业可以选择四种不同的成长性策略来达成增加收入的目标。它是应用广泛的营销分析工具之一。安索夫成长矩阵（图 5-2-9）是以 2×2 的矩阵代表企业企图使收入或获

利成长的四种选择。

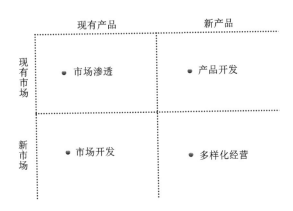

图 5-2-9 安索夫成长矩阵

⑬米尔斯-斯诺模型。米尔斯-斯诺模型（Miles-Snow model）将人力资源与开发战略看成企业的布局和战略的合理延续，认为人力资源与开发战略依赖并支持企业战略。该模型根据对大量企业的实证分析以及企业的组织特征，将人力资源与开发战略分为三种：防守者战略、探索者战略、分析者战略。米尔斯和斯诺的理论论述了雇员关系问题。图 5-2-10 所示为米尔斯-斯诺模型的四种有效的战略行为方式。

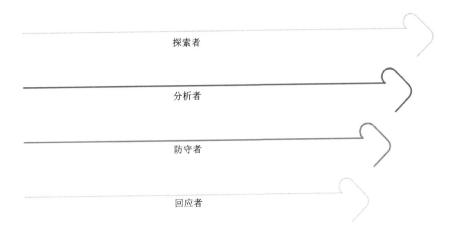

图 5-2-10 四种有效的战略行为方式

⑭VRIO 分析。VRIO 模型最早由杰恩·巴尼（Jay B. Barney）提出的。他认为：可持续竞争优势取决于组织是否具备独特的资源和能力，取决于组织是否可以把这些资源和能力应用于实际竞争中。VRIO 模型理论具体包括四个方面：价值性方面、稀有性方面、难以模仿性方面、组织性方面。对于竞争情报的搜集主要从 VRIO 模型所提出的四个方面展开。如以制造型企业为例，价值性方面包括产品的价格、系统配置、外观设计等。稀有性方面包括生产产品的技术专利、产品特殊功能性、政府的扶持政策等。难以模仿性方面包括产品专利、品牌商标、企业历史背景等。组织性方面包括员工素质的发展、管理者的综合素养、组织能力等。星巴克就是一个很好的案例，通过 VRIO 模型进行分析，能判断出星巴克不仅需要依靠内部的强大动力，不断创新，保持持续发展力，还需要依靠可建设性的外部力量，才可以在愈演愈烈的市场竞争中扶摇而上。

⑮波特五力模型。该模型(图5-2-11)可用来确定企业在行业中的竞争优势和行业可能达到的资本回报率。通过它可以预计企业自身的投资期望，同时找到自身的战略方向。

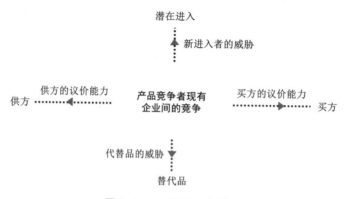

图5-2-11 波特五力模型

⑯知觉地图。这是消费者对某一系列产品或品牌的知觉和偏好的形象化表述。知觉地图可将消费者或潜在消费者的感知用直观的、形象化的图像表达出来。其可用在产品、产品系列、品牌的定位方面，也可用于描述企业与竞争对手的相对位置方面。

3.设计对象、设计问题的定义

①拼贴画。拼贴画是一种展示产品使用情境、产品用户群或产品品类的视觉表现方法。它可以帮助设计师完善视觉化的设计标准，并与项目其他利益相关者交流沟通该设计标准。

②人物角色。准确把握人物角色以及相应的角色场景，可以使我们更好地设计出可用的产品。人物角色，是指针对产品目标群体真实特征的勾勒，是真实用户的综合原型。我们对产品使用者的目标、行为、观点等进行研究，将这些要素抽象并综合成为一组对典型产品使用者的描述，以辅助产品的决策和设计(图5-2-12)。人物角色的根基是调查研究，如果没有证据来支撑人物角色的创造，那么创造出来的这些人物角色就是单薄的且没有说服力的。

用户静态属性

年龄：82岁
家庭收入水平：55w+
居住地：长沙
病史：脑溢血，腰椎间盘突出
教育程度：大学本科

用户动态属性

不喜欢佩戴手表首饰等装饰品；

行动能力较好，家住小区，非常喜欢下楼拄拐杖遛弯，但家人不放心，时常出于安全理由，不让爷爷出门；

爷爷定期去沿江风光带看人约钓鱼，不太喜欢家人拎着大包小包陪同。

用户心理属性

认为家人小题大做，且不喜欢因为各种照顾而引人注目；

自尊心强，较固执，有一套自己的生活方式。

用户痛点

安全意识差，对于未知隐患可能重视少，对于排斥新兴电子产品心理。

用户期望

家人放心，更轻便舒适，"隐形"的家人陪伴方式。

用户画像 1
李爷爷
82岁/长沙/中南大学退休职工

用户静态属性

年龄：65岁
家庭收入水平：40w+
居住地：成都
病史：中风
教育程度：大学本科

用户动态属性

对时间没有明确的概念，家人为她配有老年机，但奶奶时常忘记随身佩戴，导致出现了到了饭点迟迟不见踪影的情况，且因为没有手机也无法与奶奶取得联系。

由于之前的一个车祸经历，对于鸣笛声感到恐慌，会出现腿脚发软的情况，但无人倾诉只能积极自我调节。

用户心理属性

时间概念缺失，记忆力下；对曾经的车祸经历心有余悸，但无人诉说，常常独自排解且不喜欢麻烦家人。

用户痛点

对特定物品有阴影，容易产生突发状况，记忆力也有所下降。家人为老人配有辅助工具，但工具存在问题，无法贴合老人的生活。

用户期望

更不易遗忘的辅助工具以及更便利和温情的陪伴方式。

用户画像 2
邓奶奶
65岁/长沙/退休职工

图5-2-12 人物角色

③故事板。设计过程中，故事板不仅使设计师头脑中的假想情境具象化，还可以使一些模糊的用户需求变得具象、有说服力，在设计沟通的过程中发挥巨大的作用。学生在课堂作业(模块化果园管理机)中用故事板的形式来表达设计思路，可以让设计思路变得更加可视化，这样讨论起来会更加通俗易懂。例如，在模块化果园管理机的设计构思过程中，学生在进行设计时，会考虑到目前

用户需要解决的问题(方便采摘运输使用、造价不高、使用安全等),所需要的功能(采摘运装、开沟施肥喷药、环割修剪除草等),限制性因素(地形崎岖不利于机械化、田间地形无法规整、机械的性价比等),相比于语言表达,故事板的作用就显得更加重要(图5-2-13)。

图5-2-13　模块化果园管理机故事板

④场景描述。这种方式与故事板很相似,场景描述以故事的形式讲述了目标用户在特定环境中的情形。根据不同的设计目的,故事的内容可以是现有产品与用户之间的交互方式,也可以是未来场景中不同的交互可能。

比如用"您有没有感觉到……""您看……"的语句:"您有没有感觉到这件衣服的布料很柔软保暖?当天冷的时候穿上它,肯定会像睡在羽绒被子里一样舒服和暖和的。"通过这样一种方式可以将场景描述得更形象。场景描述的主要流程如图5-2-14所示。

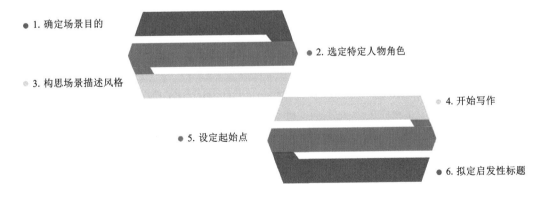

- 1. 确定场景目的
- 2. 选定特定人物角色
- 3. 构思场景描述风格
- 4. 开始写作
- 5. 设定起始点
- 6. 拟定启发性标题

图5-2-14　场景描述流程

4. 开发创意和概念界定

(1) 头脑风暴

可用于设计过程中的每个阶段，在确立了设计问题和设计要求之后的概念创意阶段最为适用。头脑风暴执行过程中有一个至关重要的原则，即不要过早否定任何创意。因此，在进行头脑风暴时，参与者可以暂时忽略设计要求的限制。当然，也可针对某一个特定的设计要求进行一次头脑风暴。在头脑风暴过程中（表5-2-3），必须严格遵循以下三个原则。

①延迟评判。在进行头脑风暴时，每个成员都尽量不考虑实用性、重要性、可行性等诸如此类的因素，尽量不要对不同的想法提出异议或批评。该原则可以确保最后能产出大量的新创意。同时，也能确保每位参与者不会觉得自己受到侵犯或者觉得自己的建议受到了过度的束缚。

②鼓励"随心所欲"。可以提出任何能想到的想法，内容越多越好。通过营造一个让参与者感到舒心与安全的氛围，鼓励参与者对他人提出的想法进行补充与改进，并以其他参与者的想法为基础，提出更好的想法。

③追求数量。头脑风暴的基本前提就是"数量成就质量"。在头脑风暴中，由于参与者以极快的节奏抛出大量的想法，参与者很少有机会挑剔他人的想法。

表 5-2-3　头脑风暴的主要流程

流程	内容
步骤1	定义问题，拟写一份问题说明
步骤2	从问题出发，发散思维
步骤3	将所有创意列在一份清单中，对得出的创意进行评估并归类
步骤4	聚合思维：选择最令人满意的创意或创意组合，进入下一个设计环节

案例一：航班延误保险产品

背景是即将上线一款航班延误保险产品，期望通过头脑风暴找出可行的营销推广方案。整个头脑风暴分为两部分：第一部分是找出可以营销的对象及场景；第二部分是找出可以营销的渠道和方式。

发散阶段时第一部分限定格式为：who（营销对象）、what（场景）、why（购买动机）（表5-2-4）；第二部分限定格式为：触达方式、形式、促销点（利益点）（表5-2-5）。

表 5-2-4　用户需求发散

问题序号	who	what	why	提出次数	打分
1	商旅用户	不定期出差	抵充延误风险/担心延误影响/有延误史	6	9.4
2	个人旅游	定时航班/游玩方便	减少损失/减少支出	6	8.6
3	商人	出行	雨季延误	1	7.9
4	家庭旅游	旅游	航班延误引起损失	1	7.9
5	经常出行一族	旅行/出差/回家	经常出行,保险卡方便实惠	1	7.9
6	旅行社	给用户买	防止航班延误,确保体验	1	7.6

续表5-2-4

问题序号	who	what	why	提出次数	打分
7	导游	工作	出行多，掌握延误规律	1	7.4
8	开学季学生	上学	新奇+尝试+赌徒心理	1	6.4
9	薅羊毛党	碰瓷恶劣天气	省钱	1	6.1
10	运气差的男孩	每次都延误	求安慰	1	5.0
11	家庭地址偏远	航班少，取消风险大	弥补损失	1	4.9
12	父母	看孩子	城市气候多雨	1	4.8

表5-2-5 推广方案发散

序号	触达方式	形式	促销点(利益点)	提出次数
1	HR 群发/公司差旅组	邮件	内购优惠	3
2	App	push/资源位/固定入口	新品发售/月卡、季卡、年卡折扣优惠	4
3	商城	广告	购买赠送/营销搭配	3
4	频繁出行用户	短信	时间-金钱(限量预售)	2
5	节假日活动	广告、App 展示	打折、饥饿营销	1
6	航班信息广告位	链接	相关推荐	1
7	连锁旅行社	合作	返佣	1
8	校园 BBS	广告		1
9	旅游 App	大 V share		1
10	机场广告	买+赠	可赠送	1
11	机场大巴	二维码		1
12	手机-日历-行程提醒	随消息展示入口	精准用户	1
13	手机-行程预定	随消息展示入口	精准用户	1
14	短信底部导航栏	航班短信底部增加购买入口		1
15	商城关联产品加入口	拉杆箱等选购页加入口		1

案例二：后疫情背景下的设计目标选择与定义

方案设计初期，设计背景为后疫情时代生活与问题，但背景范围太广，对于具体的场景和方向十分模糊，因此借助头脑风暴方法和思维导图工具可以更好地确定具体方向，缩小设计范围，从生活方式、购物方式、医疗方式、教育方式、人际交往方式进行多方面头脑风暴的发散(图5-2-15、图5-2-16)。

(2)5W1H法

设计师在设计项目的早期，往往会拿到一份设计大纲，需要先对设计问题进行分析。5W1H法可以帮助设计师在拿到设计任务后对设计问题进行定义，并做出充分且有条理的阐述。5W1H法也适用于设计流程中的其他阶段，例如，用户调研、方案展示和书面报告的准备阶段等。

如何使用此方法？问题分析有一个非常重要的过程即拆解问题。首先，定义初始的设计问题并拟定一份设计大纲，通过回答大量有关"利益相关者"和"现实因素"等的问题，将主要设计问题进行

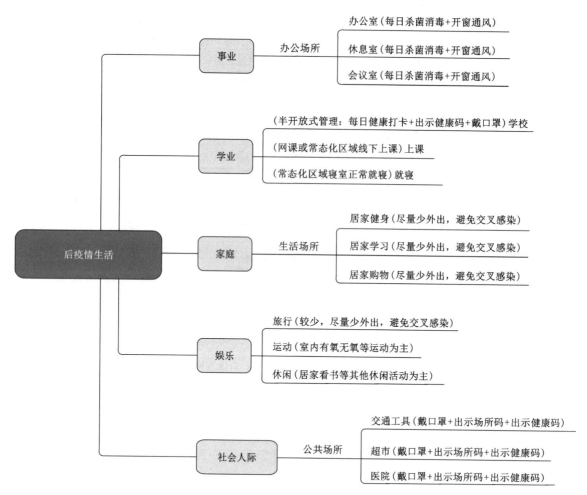

图 5-2-15　后疫情生活的头脑风暴发散

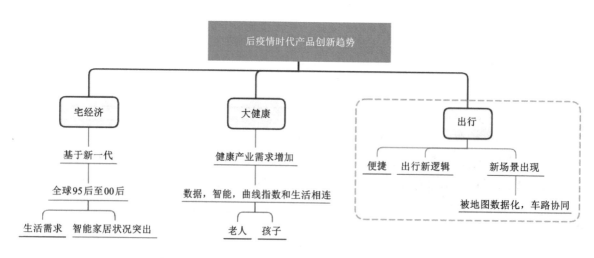

图 5-2-16　后疫情时代产品创新趋势的头脑风暴发散

拆解；其次，重新审视设计问题，并将拆解后的问题按重要性进行排序（表 5-2-6）。通过这种方法，设计师对设计问题及其产生的情境有更清晰的认识，且对利益相关者、现实因素和问题的价值有更深入的了解，同时对隐藏在初始问题之后的其他相关问题也有更深刻的洞察（表 5-2-7）。

表 5-2-6　5W1H 法的主要流程

流程	内容
步骤 1	拟写初始的设计问题或设计任务大纲
步骤 2	问自己 5W1H 问题，进一步分析初步设计问题，也可自由地增加更多问题
步骤 3	回顾所有问题的答案，看看是否还有不详尽的地方
步骤 4	按照优先顺序排列所有信息，并解答：哪些是最重要的？哪些不怎么重要？为什么？
步骤 5	重新拟写初始的设计问题详见问题界定

表 5-2-7　5W1H 法的主要问题

who	what	where	when	why	how
谁提出的问题？	主要问题是什么？	问题发生在什么地方？	问题是什么时候发生的？	为什么会出现这样的问题？	问题是如何产生的？
谁有兴趣为该问题提出解决方案？	为解决该问题，哪些事项已经完成了？	解决方案可能会运用在什么场合？	何时需要解决该问题？	为什么目前得不到解决？	利益相关者们是怎样尝试解决该问题的？
谁是该问题的利益相关者？					

5. 评估和决策

　　产品可用性评估通常适用于设计过程中几个特定的阶段。在不同阶段中，需要对不同的项目进行评估。在开始阶段，需要测试并分析类似产品的使用情况。在设计的初始阶段，可以运用草图、场景描述及故事板等方式模拟设计概念并进行评估。通过 3D 模型对造型和功能进行模拟评估，评估中期或终期的设计概念，对接近最终产品的功能模型进行测评。在评估结果的基础上，可以就设计的有效性、效率及满意度方面提出要求。同时，可能会发现一些错误、分歧、解决问题的其他可能性，以及提高产品安全性和用户体验的新机会。

　　如何使用此方法？通过有效的手段展示设计概念，并观察用户在现实中的使用情况，观察用户的感知能力（用户使用中是否能感受到或自己发现使用线索）、认知能力（他们如何理解这些线索）以及这些能力如何帮助用户达到使用目的，观察用户有意或无意的使用情况。

　　在评估之前，设计师需要进行一番精心的准备，包括寻找合适的材料和参与者。对于一次简单的定性评估而言，一般需要 4 到 10 名参与者。最终得出一份设计改进要求清单。评估过程可以用录音、照片及视频等形式记录下来，以便用于之后的分析与交流。产品可用性评估的步骤见表 5-2-8。

表 5-2-8　产品可用性评估的步骤

流程	内容
步骤 1	用故事板的形式表现真实用户及其使用情境
步骤 2	确定评估内容（产品使用中的哪个部分）、评估方式，以及在何种情境下评估
步骤 3	详细说明提出的设计假设在特定环境中用户可以接受、理解并操作产品的哪些功能（使用方式和使用线索的特征）

续表5-2-8

流程	内容
步骤 4	拟定开放性的研究问题，例如，"用户如何使用这件产品？"或"他们使用了哪些线索？"
步骤 5	设立研究：表达产品设计（效果图或实物模型等），确定研究环境，为参与者准备研究指南和研究问题
步骤 6	落实研究的参与者并让其知悉研究的范围（如个人隐私问题等），研究并记录其所有活动过程，观察其有意或无意的使用情况
步骤 7	对结果进行定性分析（相关问题及机会）或定量分析（例如计算发生的频率）
步骤 8	交流所得成果，并根据结果改进设计。在评估过程中往往会出现许多设计灵感

6. 展示和模拟

（1）角色扮演

角色扮演如同舞台剧演出，让潜在用户完成各项任务的表演。设计师可以进一步了解复杂的交互过程，以交互方式改进各个创意。设计师在整个设计流程中均可使用该方法，以从用户与产品互动的角度改进设计方案，也可以在设计末期运用此方法进一步了解已开发产品的交互性。若设计师不属于潜在用户群，那么通过角色扮演的方式，可以融入目标用户的使用情境。这对设计师的设计十分有帮助。例如，可以戴上一副半透明的眼镜，并将自己的关节用胶带绑住，以此感受视觉不佳者或行动不便者的生活场景。

如何使用此方法？角色扮演的一个重要优势是全身所有部位都融入特定的情境中。相对于其他诸如故事板或场景描述等方法，设计师在该方法中更能身临其境地体验潜在用户的生活场景。该方法不仅能帮助设计师探索有形的交互行为，还能帮助设计师感受用户行为的表现方式及其吸引力。此外，通过角色扮演，设计师可以逐步体会产品与人交互的所有过程。角色扮演的过程通常用照片或视频的方式记录下来。该方法以初步设想的交互方式为基础，选出优秀的交互体验设计方案，并完成该交互过程的视觉和文字描述。这些都可用于交流和评估设计。角色扮演方法的主要流程见表5-2-9。

表 5-2-9　角色扮演方法的主要流程

流程	内容
步骤 1	确定演员以及演出的目的，或明确交互行为的方式
步骤 2	明确想要通过角色扮演来表现的内容，确定前后演出顺序
步骤 3	确保在扮演过程中做了详细的记载
步骤 4	将团队成员分成几种不同类型的角色
步骤 5	扮演活动过程。其间可以即兴发挥。扮演者要善于表达自己，鼓励在扮演中自言自语、"大声"思考
步骤 6	重复扮演过程，直至不同的交互顺序都已经扮演展示完成
步骤 7	分析所记录的数据，注意观察任务的先后顺序，以及影响交互的用户动机

案例：适老化产品

预设养老的目标用户为处于中年和老年这两个阶段的同一类人群。由中年阶段步入老年阶段的过程，我们可以通过角色扮演法来模拟实现（图 5-2-17），并将模拟结果做成模拟阶段等级表（表 5-2-10）。

图 5-2-17　佩戴老人模拟体验装置

表 5-2-10　模拟阶段等级表

模拟阶段	模拟用具	模拟感受
第一阶段	肘部关节约束带	肘部活动受到限制，无法抬高手臂
第二阶段	后背约束带	背部保持驼背姿态，弯腰困难，无法直立
第三阶段	膝关节约束带	膝盖弯曲困难，上下楼梯费力
第四阶段	手指关节约束带	指关节不灵活，屈指酸痛，抓握困难
第五阶段	踝关节约束带	下肢活动不灵活，迈腿困难
第六阶段	脚踝部加重袋	腿部肌力减弱，无法做大幅活动，需要经常休息
第七阶段	手腕部加重袋	上肢肌力减弱，无法提取重物
第八阶段	拐杖辅助	重心不稳，上下楼梯时不方便
第九阶段	轮椅辅助	空间受到限制，跨越高低差困难

（2）设计手绘

在设计的初始阶段一般使用简单的手绘图表现基本造型、结构、阴影以及投射阴影等。这种草图需要设计师掌握基本绘图技巧、透视法则、3D 建模、阴影以及投射阴影的原理等。由于上述技巧基本可以满足设计草图的表现力，因此不需要为所有草图上色。当设计师需要将不同的创意进行结合形成初步概念时，应考虑材料的运用，以及产品的形态、功能和生产方式等。此时，材料的色彩表现（例如哑光塑料或高光塑料）变得更为重要，草图也需要创作得更为精细。绘制侧视草图是一种快速简单地探索造型、色彩和具体细节的有效方式。

设计草图在设计的不同阶段发挥着不同的作用。在整个设计阶段，尤其是设计的整合阶段，探索性的产品手绘图能帮助设计师更直观地分析并评估设计概念（图5-2-18、图5-2-19）。在设计方案的推进和优化阶段，设计草图能够帮助设计师分析并探索设计问题，并作为联想更多设计创意的起点。帮助设计师探索产品造型的意义、功能及美学特征。加入文字注解的设计手绘图有助于与他人交流设计概念，使他人更容易理解设计师的想法。

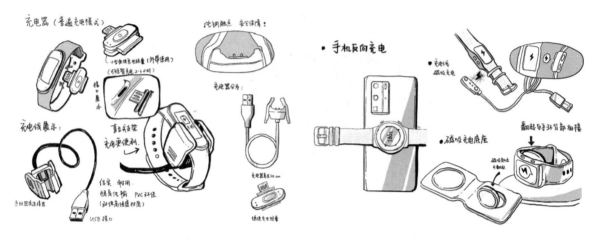

图5-2-18　手绘图方案(1)

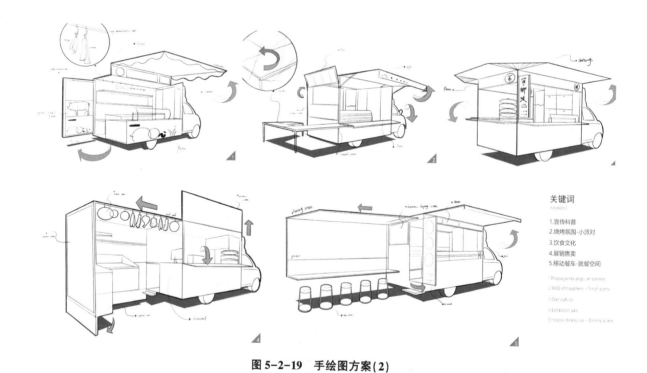

图5-2-19　手绘图方案(2)

（3）三维模型

在设计实践过程中经常用到设计模型，它在产品研发过程中有着举足轻重的作用。设计的整个过程不仅在设计师的脑海中进行，还应该在设计师的手中进行。在工业环境里，模型常用于测试产品各方面的特征，改变产品结构和细节，有时还用来帮助企业就某款产品的形态最终达成一致意见。在量产的产品中，功能原型通常用于测试产品的功能和人机特征。如果在设定好生产线之后再进行改动，所花费的成本和耗费的时间会非常多。最终的设计原型可以辅助生产流程准备和生产计划制订。

三维模型在设计中的作用主要体现在以下方面：

①拓展创意和设计概念。在创意的产生阶段经常会用到设计草模。这些草模可以用简单的材料制作，如白纸、硬纸板、泡沫、木头、胶带、胶水、铁丝和焊锡等。通过构建草模，设计师可以快速看到早期的创意，并将其改进为更好的创意或更详细的设计概念。这中间通常有一个迭代的过程，即画草图、制作草模、草图改进、制作第二个版本的草模等（图 5-2-20、表 5-2-11）。

②在设计团队中交流创意和设计概念。在设计过程中会制作一个 1∶1 的创意虚拟样板模型（dummy mock-up）。该模型仅具备创意概念中产品的外在特征，而不具备具体的技术工作原理。

图 5-2-20　产品草模

表 5-2-11　模型制作的主要流程

流程	内容
步骤 1	在制作模型之前明确设计的目的
步骤 2	在选材、计划和制作模型之前决定该模型的精细程度
步骤 3	运用身边触手可及的材料，制作创意生成的早期所用到的设计草模

以下模型是学生在制作文创产品——剪纸元素钟表的初期构想，是在绘制完草图的后一步进行的。制作者利用身边的现有材料——纸板、纸团、白纸、双面胶进行其外观制作，将白纸、纸板折叠裁剪成想呈现的大概模样进行粘贴（图 5-2-21）。通过制作一个简单的模型对它的下一步设计进行探讨，直观的草模使得设计沟通更为方便。这是设计思路可视化的一种表达方式。

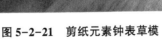

图 5-2-21　剪纸元素钟表草模

5.3 健康产品设计案例

止涕——模块化洗鼻器健康护理产品设计案例　设计者：何佳新

以患有变应性鼻炎的年轻人为主要用户群体，围绕健康护理，将洗鼻器作为设计切入点，利用模块化设计整合脉冲和喷雾两种洗鼻模式，结合管理机与小程序应用，满足了移动和固定两种场景下的鼻腔清洗和健康管理需求。

①研究背景：以"药物治疗"为核心的医疗健康服务体系在复杂多样的健康形势下难以应对新的健康挑战，亟须寻找更为自然、可控、绿色的改善病症的方法，这成为当下人们关注的重点；变应性鼻炎患者逐年增多；变应性鼻炎会引发并发症与系列问题；变应性鼻炎的护理治疗周期长（图5-3-1）。

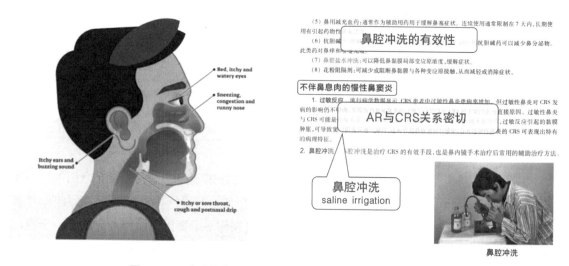

图5-3-1　变应性鼻炎概述和洗鼻器辅助治疗可行性分析

②洗鼻器辅助治疗可行性分析：了解变应性鼻炎致病原因与症状；确定鼻腔冲洗对变应性鼻炎患者的有效性（图5-3-1）。

③用户调研：确定访谈对象，制定用户访谈大纲，多途径进行线下和线上的用户调研。通过整理访谈记录绘制用户旅程图，确定不同情境中的需求，得出两个主要痛点：鼻腔清洗不方便；鼻腔护理不及时（图5-3-2～图5-3-4）。

④产品调研：通过十字图划分当前市场健康产品的造型趋势，确定造型定位，选定对标产品，并对产品基础造型进行痛点分析；对洗鼻器进行归类并了解其使用原理，通过对不同电动洗鼻器结构的分析，确定关键功能结构；通过对产品交互层的分析确定现有产品机会点；通过使用情境的分析确定当下健康产品的情境趋势（图5-3-5～图5-3-9）。

用户调研
User research

用户访谈大纲

方式：面对面访谈/电话访谈/实地调研　目的：确定选题价值、了解用户需求

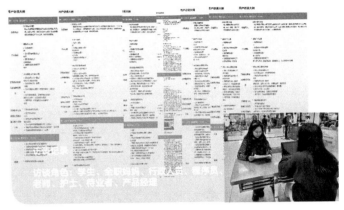

图 5-3-2　用户调研

用户旅程图
User journey map

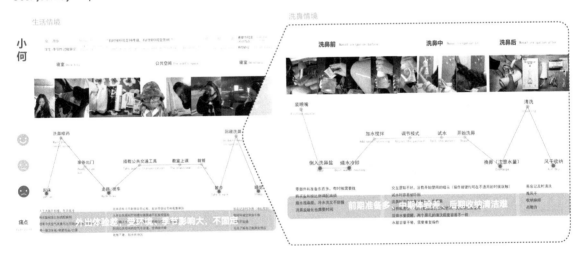

图 5-3-3　用户旅程图

痛点一：鼻腔清洗不方便
Pain point 1: inconvenient nasal cleaning

准备工作多　　　水温难以控制　　　配比麻烦　　　洗鼻体验差　　　受场景限制

影响因素：洗鼻器功能、形式、造型以及洗鼻流程

痛点二：鼻腔护理不及时
Pain point 2: nasal care is not timely

对自身身体状况不了解　　　预防意识弱　　　难以坚持　　　鼻腔护理不正确　　　受场景限制

影响因素：个人健康意识与健康管理、洗鼻的长期性与正确性、环境、季节、过敏源

图 5-3-4　用户痛点分析

健康产品造型趋势分析

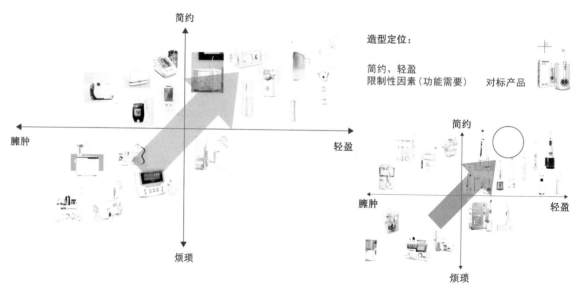

图 5-3-5　健康产品造型趋势分析

造型需求分析
Modeling requirement analysis

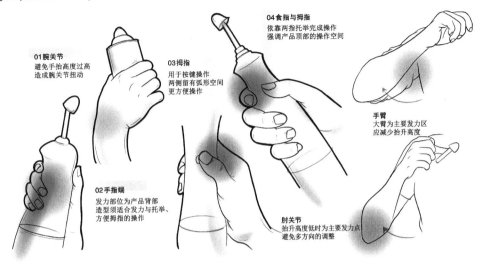

01腕关节
避免手抬高度过高
造成腕关节扭动

03拇指
用于按键操作
两侧留有弧形空间
更方便操作

04食指与拇指
依靠两指托举完成操作
强调产品顶部的操作空间

手臂
大臂为主要发力区
应减少抬升高度

02手指端
发力部位为产品背部
造型须适合发力与托举、
方便拇指的操作

肘关节
抬升高度低时为主要发力点
避免多方向的调整

图 5-3-6　洗鼻器造型需求分析

产品层分析

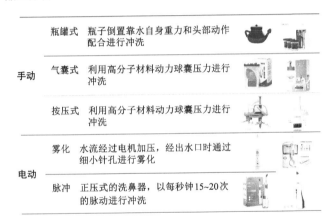

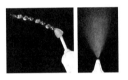

手动	瓶罐式	瓶子倒置靠水自身重力和头部动作配合进行冲洗
	气囊式	利用高分子材料动力球囊压力进行冲洗
	按压式	利用高分子材料动力球囊压力进行冲洗
电动	雾化	水流经过电机加压,经出水口时通过细小针孔进行雾化
	脉冲	正压式的洗鼻器,以每秒钟15~20次的脉动进行冲洗

喷雾式原理:水流经过电机加压,经出水口时通过细小针孔进行雾化。

水柱式原理:以电力将盐水送入鼻腔,一侧鼻孔进,水流从另一侧鼻孔流出。在水流脉冲技术上的运用上,利用恰当的变频水流脉冲使清洗效果更加明显,也能让鼻内纤毛随着水流的强弱蠕动,从而慢慢恢复正常的纤毛运动。

图 5-3-7　洗鼻器分类与原理分析

产品层分析

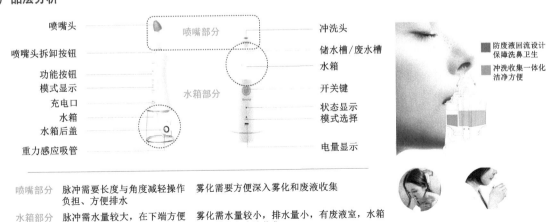

喷嘴头
喷嘴头拆卸按钮
功能按钮
模式显示
充电口
水箱
水箱后盖
重力感应吸管

喷嘴部分
水箱部分

冲洗头
储水槽/废水槽
水箱
开关键
状态显示
模式选择
电量显示

防废液回流设计
保障洗鼻卫生
冲洗收集一体化
洁净方便

喷嘴部分	脉冲需要长度与角度减轻操作负担、方便排水	雾化需要方便深入雾化和废液收集
水箱部分	脉冲需水量较大,在下端方便持握	雾化需水量较小,排水量小,有废液室,水箱在上端方便废液收集

图 5-3-8　洗鼻器构成分析

产品交互层分析

型号							型号	操作易用性	体验舒适度	清洁效果	便携收纳	清洁、蓄能
模式	脉冲式/喷雾式	动力吸力	脉冲式	脉冲式/喷雾式	喷雾式	喷雾式		操作起来相对复杂	噪声较大	较好	不方便	不方便体积过大插电使用
供电	外接电源	电池	电池	电池	USB充电	电池						
配置	洗鼻盐+温度贴+冲洗头4*	盐类胶囊+标准鼻枕头	洗鼻盐	洗鼻剂+喷头3*	清洗液	洗鼻液+适配器4*		操作方便	冲力不够	一般	方便	方便体积小USB适配
尺寸/mm×mm×mm	225*160*120	225*160*120	225*160*120	77*77*250	55*55*160	70*60*155						
质量/g	300	0.6	269	254	185			易误操作	力度过大耳朵会疼	较好	较方便	较方便防水机身USB外露
水箱容量/mL	600		240	300	30	15						

机会点：整合性不够（产品层在于功能的整合；交互层在于使用方式的整合）

图 5-3-9 电动洗鼻器产品功能原理分析

⑤设计定位：通过确定变应性鼻炎对不同人群的影响确定目标用户，并基于目标用户搜集其人群特征，得出目标用户范围内不同需求下的用户画像，以及与其对应的场景特点（图5-3-10~图5-3-12）。

产品使用情境分析

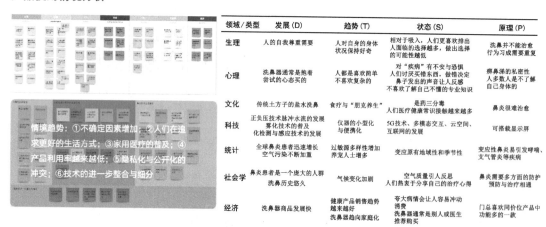

领域/类型	发展 (D)	趋势 (T)	状态 (S)	原理 (P)
生理	人的自我尊重需要	人对自身的身体状况保持好奇	相对于吸入，人们更喜欢排出面临的选择越多，做出选择的可能性越低	洗鼻并不能治愈行为习成需要重复
心理	洗鼻器通常是抱着尝试的心态买的	人都是喜欢简单不喜欢复杂的	对"疾病"有不安与恐惧人们讨厌买错东西，做错决定鼻子发出的声音让人反感不喜欢了解自己不懂的专业知识	病鼻涕的私密性大多数人是不了解自己身体的
文化	传统土方子的盐水洗鼻	食疗与"朋克养生"	是药三分毒人们医疗健康常识接触越来越多	鼻炎很难治愈
科技	正负压技术脉冲水流的发展雾化技术的普及化检测与感应技术的发展	仪器的小型化与便携化	5G技术、多模态交互、云空间、互联网的发展	可搭载显示屏
统计	全球鼻炎易迅速增长空气污染不断加重	过敏源多样性增加养宠人士增多	变应原有地域性和季节性	变应性鼻炎易引发哮喘、支气管炎等疾病
社会学	鼻炎患者是一个庞大的人群洗鼻历史悠久	气候变化加剧	空气质量引人反思人们热衷于分享自己的治疗心得	鼻炎需要多方面的防护预防与治疗相通
经济	洗鼻器商品发展快	健康产品销售趋势越来越好洗鼻器趋向家庭化	得大病情会让人高冲动消费洗鼻器通常是别人或医生推荐购买	门总喜欢同价位产品中功能多的一款

情境趋势：①不确定因素增加；②人们在追求更好的生活方式；③家用医疗的普及；④产品利用率越来越低；⑤隐私化与公开化的冲突；⑥技术的进一步整合与细分

图 5-3-10 产品使用情境分析

设计定位：人群定位

图 5-3-11 人群定位

设计定位：用户画像与用户情境

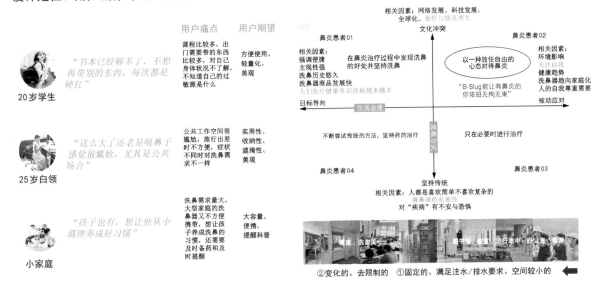

图 5-3-12　目标用户与情境定位

　　⑥产品构成：依据前面的调研分析，确定产品的硬件构成和功能构成（图5-3-13、图5-3-14）。

产品硬件构成
Product hardware composition

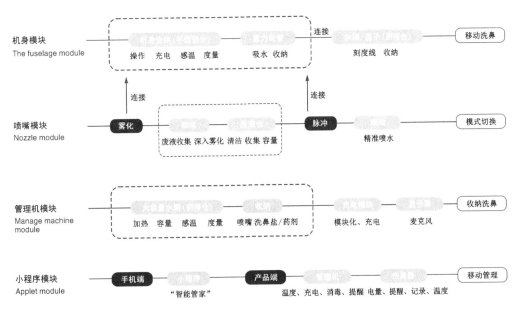

图 5-3-13　洗鼻器硬件构成

产品功能构成
Product function composition

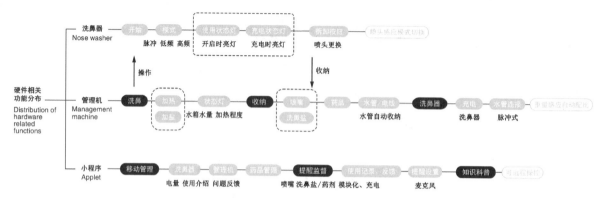

图 5-3-14　洗鼻器功能构成

⑦设计输出：输出草图—确定基本方案—确定 CMF 工艺—确定使用流程图—输出小程序低保真方案—建模渲染—输出小程序高保真方案—排版（图 5-3-15~图 5-3-21）。

草图输出
Sketch output

图 5-3-15　设计方案草图输出

确定方案草图

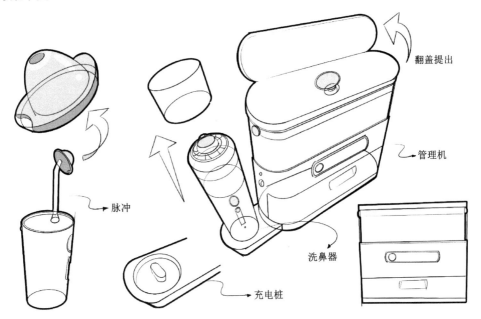

图 5-3-16 确定方案草图

CMF分析
Color&material&finish analysis

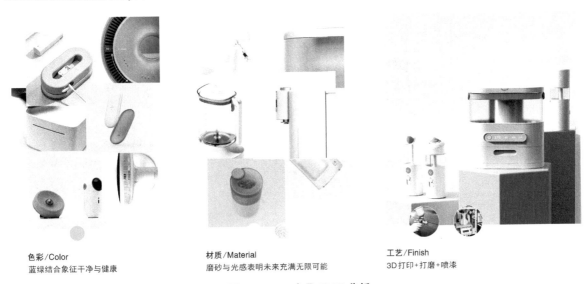

色彩/Color
蓝绿结合象征干净与健康

材质/Material
磨砂与光感表明未来充满无限可能

工艺/Finish
3D打印+打磨+喷漆

图 5-3-17 产品 CMF 分析

使用流程图
Use flow chart

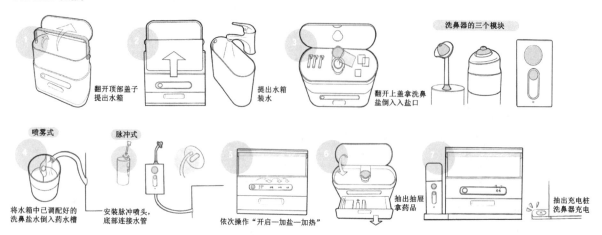

图 5-3-18　产品使用流程图

小程序低保真方案
Low fidelity scheme of small program

图 5-3-19　小程序界面低保真方案

小程序原型
Applet prototype

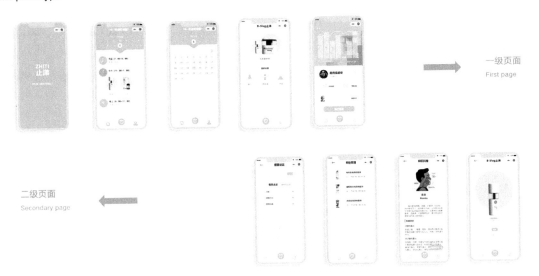

一级页面
First page

二级页面
Secondary page

图 5-3-20 小程序界面高保真原型图

图 5-3-21 止涕——智能洗鼻器产品 3D 效果图

思考与练习

运用谷歌的设计冲刺方法进行一次作品改良设计。

参考书目推荐

[1] 蒂姆·布朗.IDEO，设计改变一切[M].侯婷，何瑞青，译.杭州：浙江教育出版社，2019.

[2] 佐藤可士和.创意思考术[M].时江涛，译.北京：北京科学技术出版社，2012.

[3] Daigneau R.服务设计模式：SOAP/WSDL 与 RESTful Web 服务设计解决方案[M].姚军，译.北京：机械工程出版社，2013.

[4] 施耐德，斯迪克多恩.服务设计思维[M].郑军荣，译.南昌：江西美术出版社，2015.

[5] 克洛斯.工程设计方法：产品设计策略[M].吕博，胡帆，译.北京：中国社会科学出版社，2015.

[6] 纳普，泽拉茨基，科维茨.设计冲刺：谷歌风投如何 5 天完成产品迭代[M].魏瑞莉，涂岩珺，译.杭州：浙江大学出版社，2016.

[7] 博克.重新定义团队：谷歌如何工作[M].宋伟，译.北京：中信出版社，2019.